全国高等院校产品设计专业系列教材
工业设计国家一流专业建设教材
产品设计国家一流专业建设教材

PRODUCT
DESIGN

李琳　钦松　薛艳敏　编著

产品
语义设计

化学工业出版社

·北 京·

内容简介

《产品语义设计》是一部系统阐释产品语义学理论体系及其设计实践的综合性教材。本书以符号学为根基，深入解析产品语义学的核心概念与设计方法，同时聚焦数字智能时代的技术变革与中国传统文化的现代转化，探讨产品语义设计的未来趋势与文化价值。

本书不仅涵盖基础理论，更通过对国内外经典设计案例的剖析及作者近年在该领域的研究成果展示（第6章、第7章），为读者构建理论与实践并重的知识框架，助力设计师在技术与文化交织的语境下实现产品语义的创新表达。

本书在传统产品语义设计理论的基础上融入数字技术赋能与本土文化自信的语境，既提供工具性方法论（如产品语义的设计方法、语义原型构建、修辞手法应用），亦强调设计的人文关怀与技术伦理，彰显中国传统文化的价值与魅力。通过跨学科视角与丰富案例，引导读者在"功能、美学、意义、体验"的多重维度中实现产品语义的创新突破。

本书适合作为设计专业师生学习产品语义学系统化理论的教材，有助于设计研究者深入探讨符号学、文化传播与制造技术的交叉领域，同时，也可为文化创意从业者提供传统文化符号的现代转译设计灵感，提升文化创意产品叙事深度。

图书在版编目（CIP）数据

产品语义设计 / 李琳，钦松，薛艳敏编著. -- 北京：化学工业出版社，2025.9. --（全国高等院校产品设计专业系列教材）. -- ISBN 978-7-122-48624-0

Ⅰ. TB472

中国国家版本馆CIP数据核字第2025WA1970号

责任编辑：李彦玲　　　　　　　文字编辑：蒋　潇
责任校对：李露洁　　　　　　　装帧设计：梧桐影

出版发行：化学工业出版社
　　　　　（北京市东城区青年湖南街13号　邮政编码100011）
印　　装：北京新华印刷有限公司
787mm×1092mm　1/16　印张10　字数256千字
2025年9月北京第1版第1次印刷

购书咨询：010-64518888　　　　售后服务：010-64518899
网　　址：http://www.cip.com.cn
凡购买本书，如有缺损质量问题，本社销售中心负责调换。

定　　价：59.80元

　　回首往昔，工业革命拉开了现代设计的大幕，早期产品聚焦于基本功能实现，设计语言直白而简单。随着物质生活逐渐富足，消费市场不再满足于千篇一律的实用品。消费者的需求如繁花绽放，日趋多样复杂，对产品有了更高的追求。于此背景下，产品语义设计应运而生，开启了探索产品语言表达的征程。

　　20世纪80～90年代，产品语义学是设计学界热烈讨论的设计理论之一。随着智能化、数字化等新技术的兴起，产品设计经历了前所未有的变革，与其他学科的交叉融合更加紧密深入，产品语义学的理论和方法也随之不断完善与发展。物联网让产品彼此"交流"，智能算法赋予了产品"思考"能力，虚拟现实、增强现实重塑了人机交互边界。这些变革为产品语义设计注入了澎湃动力，拓展出无限新空间。设计师不仅要关注产品物理层面的语义传达、文化背景对产品语义理解的影响，还需要通过巧妙构思使产品智能内核通过外在形式精准表意，让用户轻松驾驭复杂科技。同时，虚拟环境中的产品要凭借独特语义构建沉浸体验，无缝融入多元场景，以提升用户的交互体验感。

　　本书开篇溯源产品语义学的理论根源——符号学，叙述了从符号学到产品语义学的确立与发展过程。本书对产品符号的构成要素与表现形式、产品语义的传播方式、产品语义设计流程与方法等理论知识进行了系统的阐述。同时，本书立足于弘扬中华优秀传统文化，对传统文化在现代产品设计中的语义表达进行了探讨。3D打印技术为设计师提供了前所未有的设计自由度，使他们能够突破传统制造技术的限制，实现更加复杂、创新的设计，推动了产品设计的多样性和个性化发展，极大地激发了设计师的创新精神。本书在最后一章中阐述了基于3D打印技术的产品设计思维、美学特征以及3D打印技术在不同材料产品中的应用。本书列举了大量国内外优秀产品设计案例，以加深读者对产品语义设计相关理论知识的理解，激发创新思维，让抽象理论落地生根。

最后，衷心感谢钦松、薛艳敏两位老师为本书撰写付出的辛勤努力。钦松老师长期耕耘于3D打印技术在产品设计中的应用研究，其研究成果扩展了本教材的研究范畴，丰富了本教材的理论研究与设计实践。钦松老师在产品语义设计方法这一章的撰写中融入了自己的研究成果，深化了理论研究层次。薛艳敏老师为本书的撰写提供了宝贵的指导意见，确保了教材内容的专业性、准确性与实用性，为本书的顺利完成奠定了坚实的基础。诚挚感谢陈泽瀚、洪融等多位同学为本书的编辑、校对工作所做出的贡献。虽然笔者已尽最大努力，但由于自身能力有限，书中难免有疏漏之处，恳请各位读者批评指正。

李琳

2025年5月于西安

目录

5

产品语义设计方法

6

中国传统文化在产品设计中的语义表达

7

3D打印技术的产品语义表达

1

产品语义学概述

　　20世纪80～90年代，产品语义学是设计学界热烈讨论的设计理论之一。从最初产品语义学概念的提出，探讨了人工物在使用环境与使用过程中所表达的意义，到语义学设计转向于更广泛的社会技术体系的前沿思考，推动设计师在新的时代背景下重新思考"意义"的概念，深入探讨人工物的使用意义、语言意义、生命意义、生态意义。

1.1 产品语义学的缘起——符号学

　　符号学是研究事物符号的本质、符号的发展变化规律、符号的各种意义以及符号与人类多种活动之间的关系的学科。将符号学的原理应用到各具体领域就产生了部门符号学。符号的概念最早出现在古希腊时期的医学领域，是根据症状对疾病做出诊断。现代符号学主要可分为两种：以索绪尔、罗兰·巴特为代表的语言符号学和以皮尔士、莫里斯为代表的逻辑符号学。语言符号学强调语言的社会性和结构性，其符号基础是语言中的词语。逻辑符号学主要研究符号活动，也就是人的认知过程。在人对世界的认知过程中，符号不断发展变化，会产生新符号。这两种符号学理论是从两个不同的角度来研究符号和语言的，虽然它们都有优势和局限性，但它们之间的关系不是相互排斥的，而是在发展之中互补（表1-1）。

　　1969年1月，国际符号学协会（IASS）在法国巴黎成立，并定期出版学术期刊*Semiotica*，这标志着现代符号学的建立。符号学作为一门研究符号本质、符号发展规律、符号与人类互动关系的学科，对于其他学科具有重要的意义，并被广泛应用到语言学、神话研究、设计艺术等领域。

表1-1　索绪尔符号学理论与皮尔士符号学理论之比较

项目	索绪尔符号学理论	皮尔士符号学理论
思想基础	先验论哲学和结构主义	实用主义和科学实证主义
研究范畴	语言符号学	逻辑符号学
符号基础	语言中的词语	命题
研究内容	强调语言的社会性和结构性。基于语言符号的结合关系进行编码，构成不同层次的语言结构，以表达各种意义	研究符号活动，也就是人的认知过程。在人对世界的认知过程中，符号不断发展变化，会产生新符号

1.2 从符号学到产品语义学

　　在设计领域内，建筑设计最早将符号学应用到现代建筑设计研究中。20世纪50年代后期，西方建筑界开始争论所谓的"意义危机"（meaning crisis）问题：现代建筑的国际主义风格因过于强调技术和功能而丧失了语义内涵与地域风格，开始遭到异议与质疑。意大利建筑理论家、建筑师艾柯（Umberto Eco）、加罗尼（Garroni）与斯卡维尼（Maria Luisa Scalvini）等人率先将符号学引入建筑理论，形成了建筑符号学（architecture semiotics）。50～60年代，建筑符号学逐渐引起英、法、德、美等各国学者的广泛关注与研讨。1968年，第一届建筑符号学大会成功举办。70～80年代，建筑符号学的影响在各国建筑界内日益扩大，各国学者、设计师开始重视符号学理论，探讨建筑语言体系的语汇、句法结构、意义以及建筑与人之间的关系等。

符号学在设计界的另一个主要应用领域就是工业设计，并形成了产品符号学理论。产品符号学包括：产品语义学、产品语构学、产品语用学（图1-1）。产品语义学主要研究产品造型形态与意义的关系。产品语构学主要研究产品功能结构与造型的构成关系。产品语用学主要研究产品造型的可行性及产品与人、环境的关系。

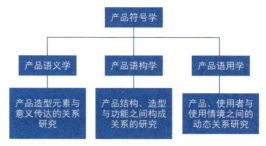

图1-1 产品符号学的构成

20世纪50年代中期，随着电子技术的兴起，许多产品造型日趋小型化、扁平化、盒状化。不同类别的产品造型趋同化，造型差异越来越小，这就造成了使用者无法通过产品造型来辨别产品功能。随着技术的进步、材料科学的发展，20世纪70～80年代产生了许多新型电子产品，这些产品在功能上有了很大的提升，体积、尺寸也越来越小，造型与功能间的联系不再紧密。例如，从录音机到随身听再到MP3的变化，如图1-2所示。不论是原有产品的改良换代，还是全新产品的诞生，都需要探索新的造型符号和造型文法去构建与表达，以体现新时代产品设计风格和满足意义创新的需要。

经济的发展与生活质量的提升使人们不再满足于产品的物质功能，开始追求产品所能带来的精神层面的享受。人们的消费行为已经从实用功能消费升级为符号的象征价值消费，这就使得产品设计师不仅要关注功能实现，还要注重产品意义表达，挖掘产品的深层含义。

总之，后现代主义思潮带动了产品语义学的兴起，产品的更新换代与新产品的出现促进了产品语义设计的发展，对消费升级的重新审视使得产品语义学成为探求产品文化意义的重要方式。

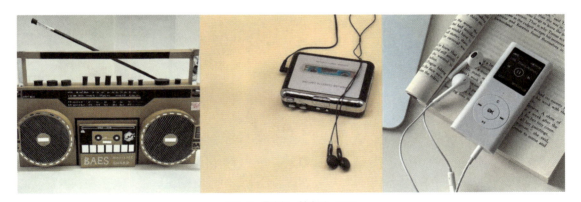

图1-2 录音机、随身听、MP3

1.3 产品语义学的发展

20世纪80年代中期，美国宾夕法尼亚大学的克劳斯·克里彭多夫（Klaus Krisppendorff）教授与美国俄亥俄州立大学的莱因哈特·巴特（Reinhart Butter）教授共同提出了"产品语义学"的概念。产品语义学的定义在1984年美国工业设计协会所举办的"产品语义学研讨会"中得以明确，产品语义学是研究人造物的形态在使用情境中的象征特性，以及如何应用在工业设计上的学问。产品语义学打破了现代主义设计以产品功能为主的设计导向，突破了传统人机工程学仅对人的物理和生理机能进行考虑的限制，将人的心理与情感因素纳入产品设计范畴，强调了产品应具有指示与沟通的作用，同时还应具有象征意义，能够构成人们生活中的象征环境。

1984年夏天，美国工业设计协会邀请相关工业设计师参加了克兰布鲁克艺术学院夏季工作坊，美国克兰布鲁克艺术学院是美国最早在课程中研究产品语义观念的机构之一。此次工作坊就"产品设计的形态与功能的新意义"进行了探讨。其中学生丽萨·克诺（Lisa Krohn）的作品"电话簿"电话机设计赢得了"芬兰造型大奖"，如图1-3所示。

1985年，全球性的产品语义研讨会在荷兰举办。除了参与上述工作坊的设计师，世界各地的飞利浦设计师也参与了这次活动。著名的飞利浦"滚轮"收音机就是在这次工作坊中诞生的，如图1-4所示。"滚轮"收音机不仅为飞利浦赢得了丰厚的商业利润，也是产品语义理论的具体应用成果。

图1-3　Lisa Krohn的作品"电话簿"电话机　　　　图1-4　飞利浦"滚轮"收音机

1989年，芬兰赫尔辛基工业艺术大学举办了国际产品语义学讲习班。同年，克劳斯·克里彭多夫和莱因哈特·巴特主编了两期合刊《设计议题》（*Design Issues*）。这两期合刊成为产品语义学研究的标准参考文献，并再次对产品语义学进行定义：①一种关于人们如何将意义赋予人工物及相应地与其互动的系统研究。②一种关于将从用户及其利益相关者团体中获取的意义用于设计人工物的词汇和方法论。其中，"意义"的概念不仅是用户对人工物的认知行为，还应包括设计者对人工物的赋义行为。

此外，德国、瑞士、印度、日本、韩国等国也相继举办了产品语义理念的工作坊，产品语义学也进入了设计专业的课程中。对于产品语义学的探讨不再只是工业设计师的工作，来自传播学领域、市场营销领域、创新研究领域、新媒体技术领域的专家也讨论了人工物获取语义的方法。产品语义学开始扩展到更多设计领域。在日本，对于产品语义的研究是与感性工学相结合的，注重将设计因素融入消费者心理与精神层面。

2006年，克劳斯·克里彭多夫（Klaus Krisppendorff）教授出版了《设计：语义学转向》（*The Semantic Turn: A New Foundation for Design*），对产品语义学重新进行了系统的理论梳理和诠释。

在国内，无锡轻工大学（现江南大学）的刘观庆教授早在20世纪90年代就对产品语义进行了研究，率先在本校工业设计教学中开设了产品语义学课程。2000年后，国内学者开始系统地探讨设计符号学、产品语义学理论，相继发表和出版了相关论文与著作。

随着社会的变迁、生活方式的改变，产品设计的内容不再局限于物质形式，各国学者与设计师都在不停地探索适应时代发展的设计理论与方法。产品语义学也将随着时代的发展、设计需求的转变而致力于探索新技术、新领域内"意义"的表达方式。

1.4　新时代背景下产品语义学的转向

在新时代背景下，数字化与智能化的深度转型以及制造技术的进步对设计领域产生了深刻影响。这一转变不仅改变了设计的过程与结果，而且深刻地影响了整个产业链的运作模式，从创意的萌芽到最终产品的诞生，每一个环节都烙印上了数字化与智能化的鲜明痕迹。数字化与智能化以及制造技术的进步共同构建了一个全新的设计生态。在这个生态中，设计不再是孤立的艺术创作，而是与数据科学、工程技术、材料科学等多学科深度融合的系统性工程。设计师的角色也发生了转变，他们不仅是创意的源泉，更是跨领域协作的桥梁，需要具备整合多学科知识、驾驭复杂技术及工具的能力。更重要的是，这种转变促使设计行业向着开放协同的方向发展。通过云平台、开源社区等形式，设计师能够跨越地理界限，共享资源，协同创新，共同推动设计与制造领域的持续进步。

1.4.1　产品语义设计的数字化与智能化

数字化与智能化在设计学科引起的变化首先体现在设计工具与平台的革新上。虚拟现实（VR）、增强现实（AR）、人工智能辅助设计以及3D打印技术为设计提供了新的表达形式。设计师可以借助先进的软件工具，在虚拟环境中创建高度逼真的产品原型，进行实时的交互式修改与优化，大幅缩短了设计周期，提高了设计效率，确保了设计输入与输出的一致性。此外，机器学习和深度学习算法的应用，使得设计过程能够基于大量的历史数据和用户反馈进行智能预测，帮助设计师做出更为精准的设计决策，实现个性化定制与大规模生产之间的完美平衡。

在产品语义设计中，数字化与智能化融合了设计学、语义学、计算机科学等多个学科领域，旨在探索如何利用现代科技更好地理解和创造具有深层含义的设计作品，具体体现在数据驱动的语义分析与生成、设计符号的数字化编码以及人机交互中的情感表达这三个方面。

（1）数据驱动的语义分析与生成

利用大数据分析、文本挖掘等技术，从海量的文献资料、社交媒体、用户评论中提取关于设计元素的文化背景、情感色彩、流行趋势等语义特征，为设计决策提供依据。数据驱动的语义分析与生成依赖于强大的计算资源和先进算法，随着深度学习技术的进步，获取的语义特征将更加有效且精确。然而，在这一过程中也可能遇到挑战，如过度拟合、缺乏创造性以及难以处理罕见或复杂语言结构的问题。因此，持续的研究和改进对于语义分析与生成表现至关重要。

（2）设计符号的数字化编码

将从大数据中所提取到的图形、色彩、材质等视觉元素转化为数字代码，建立符号库和语义模型，使计算机能够理解并自动匹配相应的语义信息，如"红色"可能与"热情""警告"等语义相关联。同时，数字技术使得产品能够根据用户的个人偏好和行为习惯进行定制，产品语义设计需要适应这种个性化需求，让用户能够轻松理解定制功能。例如，个性化定制系统中的推荐标签和分类，要能准确反映用户的兴趣和需求。设计符号的数字化编码也意味着多模态交互的兴起，尤其是随着虚拟现实、增强现实的发展，符号已经不再局限于单一的视觉或听觉方式，而是融合了视觉、听觉、触觉甚至嗅觉等多种感官体验。这就需要在语义设计中综合考虑不同模态之间的协调和互补，以传达一致且有效的信息。例如，智能手表的振动提醒结合屏幕显示共同传递出特定的语义。

设计符号的数字化编码是设计行业发展中不可或缺的一部分，它极大地提高了设计工作的效率、准确性和传播范围，同时也促进了设计资源的共享和再利用。随着技术的发展，新的编码标准和格式不断出现，能满足用户的多感官交互需求，显著提升用户的产品使用体验。

（3）人机交互中的情感表达

数字化产品的语义设计表达首先应符合用户的行为习惯与认知水平，在理解用户的情感诉求的基础上，通过开发能够识别和响应人类情感的智能设计系统，使设计作品能够更好地与用户的情感需求相呼应。如设计智能穿戴设备时，可根据用户的情绪变化调整产品界面的颜色和图案。从物理交互到虚拟交互的转变是数字化产品的突出特点之一。传统产品多依赖物理按钮、开关等进行操作，语义表达相对直观，而在数字时代，大量产品以虚拟界面呈现，如触摸屏、语音交互等，这要求语义设计更加简洁、清晰，并且符合用户的使用习惯，以减轻用户在虚拟环境中的认知负担。例如，手机应用中的手势操作，如滑动、缩放等，需要有明确的视觉提示和反馈来传达其功能语义，确保用户能够直接准确地完成相应功能操作，避免因语义不清而导致的操作障碍以及由其引发的用户负面情绪。社交与共享是现代数字产品的重要功能特征，能够为用户提供归属感、认同感、乐趣感等情绪价值，显著提升产品满意度与用户黏度。因此，现代数字产品的语义设计要注重促进社交和共享元素的融入。数字产品在人机交互中的情感表达是一个复杂而多维的过程，不仅需要情感识别技术、情感反馈机制、情感交互设计等技术与策略的支持，还需要准确提炼情感要素关键词，为用户提供更好的产品使用体验与服务体验。

在探讨设计的美学、功能和象征意义的同时，也需关注可持续性和伦理考量，这是现代设计不可忽视的两个重要维度，包括但不限于社会文化的新发展、生态环境能源问题以及设计所应该具备的社会责任感。总之，数字时代为产品语义设计带来了新的机遇和挑战，设计师需要不断创新和适应，以满足用户在数字化环境中的多样化需求。

1.4.2 产品语义学中的智能制造

在智能制造的工业发展背景下，产品的语义设计涉及设计与生产的深度融合，以及如何通过产品设计传达意义和价值。智能制造是一种结合了信息技术、自动化和数据分析的先进制造模式，旨在提高生产效率、提升设计方式的灵活性和产品使用的可持续性。在智能制造体系下的产品语义设计，其核心在于探索如何借助当下先进的制造技术，创造性地诠释和展现产品语义，以此开拓产品表达意义的新途径。这意味着，在设计与生产的过程中，不仅要注重产品的功能性与审美性，更要充分利用智能制造的特性，如个性化定制、数据驱动的优化、智能交互以及3D打印技术，来深化产品与用户之间的沟通。智能制造技术的发展为产品语义设计提供了新的转向契机，一是智能产品的生命周期视角，二是产品语义的迭代和进化。

（1）智能产品的生命周期视角

在智能制造背景下，产品语义学不仅关注初始设计阶段的意义传达，更延伸至产品的全生命周期。随着产品的使用，通过数据分析和用户反馈，智能产品能够不断学习和适应，其功能和性能得到优化，这反过来又影响了产品语义的动态演变。例如，一款智能健身手环最初可能以其精准的健康监测功能吸引用户，但随着时间的推移，它通过收集用户的运动数据，提供个性化训练计划，逐渐演变成一个私人健康顾问。这种角色的转变，丰富了产品语义，使其从一个单一功能的设备，成长为用户生活中不可或缺的伙伴。

（2）产品语义的迭代与进化

产品语义学在智能制造中的应用，促使我们重新思考产品的"生命"概念。在传统制造业中，产品一旦出厂，其意义和价值便相对固定了。但在智能制造时代，产品可以通过软件更新、硬件升级和个性化定制等手段，不断迭代和进化。这意味着产品语义学也需要随之发展，设计者不仅要预见产品初期的意义，还要构想其未来的潜力和可能性。例如，一辆智能电动汽车，其初始语义可能围绕着环保、节能和高科技，但随着技术进步和用户需求的变化，它可能进化为一个移动办公空间、娱乐中心甚至是社交平台，其语义内涵和外延都将发生深刻变化。

智能制造背景下产品语义设计的探索与发展能够推动产品设计向着更加人性化、智能化和可持续的方向发展。通过整合先进技术与融入人文关怀，产品不仅能够满足实用需求，更能成为表达个人价值、促进情感交流和推动社会进步的有力工具。本书在第7章中详细阐述了基于3D打印技术的产品语义表达，有兴趣的读者敬请翻阅该章节以深入了解。

2

产品符号的三维建构：结构、形式与功能

产品作为实现某种目的或表达某种意义的人工物，在其创造之初必然会包含创造者的思想与情感，因此产品除了要满足某些物质功能需求，还被人们用来实现特定的信息交流和情感表达，成为意义集合的载体。产品是各种基础造型符号（线条、色彩、体块等）按照一定规则（节奏、韵律、隐喻等）建构起的符号体系。设计师通过构建符号体系赋予产品特定的意义，这些意义通过产品这个物质载体传达给消费者，消费者通过对产品符号的解读来获取相应的意义内容。与语言符号相比，产品符号与人的互动更加复杂、生动。人们可通过多个感官来接触、了解产品，包括视觉、触觉、味觉、听觉、嗅觉等，在接触产品的过程中，产品还会调动人体的其他机能，如平衡感、运动感等诸多方面，同时还会使人们产生诸多情绪变化。这些感官机能的运用是产品符号认知过程的感知基础，也是产品符号意义表达的情感基础。

一个产品对于设计师而言是作品，蕴含着设计师的思想与观念；对制造者来说是制品，与生产工艺相关；对于消费者而言是商品，涉及功能的发挥与情感的满足。因此，产品是一个载满信息的符号系统，通过传播渠道将符号所蕴含的信息内容释放给消费者、生产者等，从而完成语义的传达。

2.1 产品符号

2.1.1 不同学者对于符号要素的观点

索绪尔认为语言符号是"能指"和"所指"的结合（图2-1）。"能指"是指符号的形式，构成表达面。"所指"是指符号所传达的意义，构成内容面。同时符号还具有任意性，"能指"和"所指"并不存在固有的内在必然性，符号的含义是因社会集体约定俗成而指涉的概念。

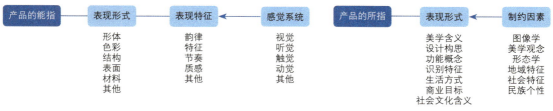

图2-1　能指和所指

皮尔士侧重符号自身逻辑结构的研究，认为符号是由三种要素组成的：符号、指涉对象、解释。皮尔士强调了符号的联系特性，并将符号划分为三种形式：图像符号、指示符号、象征符号（图2-2）。

莫里斯是从逻辑学和语用学的角度对符号学进行研究

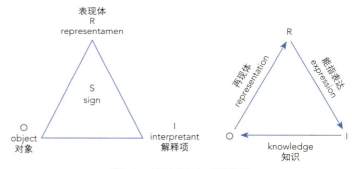

图2-2　皮尔士的三合一符号理论

的。莫里斯在其标志性著作《符号理论基础》一书中，将符号学划分为三个分支：语构学、语义学、语用学。莫里斯的理论是对皮尔士理论的深化和发展，对设计艺术学科理论的发展具有重要影响。

2.1.2 产品符号的结构层次

产品语义学是符号学在设计艺术学科中的延伸与发展，产品符号体系必然继承了符号学理论特征。按照皮尔士的符号要素分类，产品符号的内在结构可以划分为符号的形式、符号的意义、符号的解释。

（1）产品符号的形式

产品是由形态、色彩、材质、结构、肌理、声音等要素按照一定的设计规则所构建成的一个物化形式或外在表征。从符号学的观点来看，产品形态也是由一系列的设计基础符号（点、线、面等元素）依照构成原则所形成的符号体系。产品符号可以是静态的，也可以是动态的，或是一种存在的特征和认知的表达面。产品符号不只是形态所表现出的特征，色彩的感性表达与视觉吸引、材料的触摸质感和独属味道、图像的具象与抽象表达以及声音的视觉感受和沉浸体验都是产品符号所存在的一种特征和认知表达。

（2）产品符号的意义

产品符号的意义可以理解为人们对产品意义的认知。产品的价值并不在于其每一个要素的具体形式及物料，而是通过符号要素所形成的符号系统对人的感官进行刺激而产生经验联想，在人们的心中形成印象及概念，从而产生产品意义，也就是产品的语义价值。产品符号意义的把握可以是直觉的，也可以是经过思考后得出的结论。

（3）产品符号的解释

产品符号的解释与符号的传播过程息息相关，涉及符号创造者（设计师）、符号信息接收者（使用者）以及产品语境等多方面（图2-3）。设计师为产品符号编写了内容与意义，使用者通过产品的多感官刺激获取相

图2-3　产品符号的解释

应的信息。使用者能否完全解读设计师的编码内容，与其自身的生活经验、文化背景、身处的社会环境以及产品的使用环境等因素紧密相关。如果产品符号的意义无法被使用者所理解和接受，那么产品符号就失去了价值。因此，产品符号的解释是由设计师和使用者各自在编码和解码中产生的意义所决定的。符号的编码者和符号的解码者应拥有大致相同的认知范畴。

2.2　产品符号的表现形式

产品是多种符号形式按照一定的构成规则所形成的一个符号集合体。设计师根据设计意图、审美意象、表达内容等充分运用各种相关设计符号来构造一个既能解决实际问题，又符合使用者审美情趣、使用经验，同时还能引起使用者情感共鸣的符号系统。因此，产品符号的表现形式丰富多样，每一个符号的运用在整个产品符号系统中都有其特定作用和意义。

2.2.1　形态符号

形态是产品造型要素中最直观、最具视觉表现力的要素之一，也是消费者对产品第一印象进行评判的重要参考要素。因此，产品形态要符合使用者的审美需求、使用经验以及对该类产品的普遍认知。

（1）基础造型元素

点、线、面是产品形态构建的基础元素，除了在形态方面的差异，不同的造型元素传达给观者的感受也不同。如：直线给人简单、清晰、富有力量的感觉；曲线给人流畅、圆润、柔和的感觉；折线给人转折、变化之感。产品形态是通过基础造型（线材、面材、块材）的结合所形成的一个三维的实体空间，不同的构造方式可创造出不同的造型风格。如方体、柱体、球体、圆锥体等规则形态，给人以简洁有序、节奏稳定、力量均衡等直观印象；不规则形态千变万化，在不同的环境中能带给观者不同的心理映射，既可前卫时尚，又可温文尔雅

（图2-4）。对于产品设计师而言，产品形态的呈现是产品功能结构、材料、品类特征、用户需求、生产工艺等综合决定的。产品形态必然会包含设计师的审美取向和思想意识，产品形态通过刺激消费者的视觉引起其情感上的共鸣，从而传达产品的象征性意义。

图2-4　不同形状的三维实体

当形态符号有规律地在某一类产品群中出现时，其体现的是品牌策略和群体归属，这能够强化品牌印象、增加品牌价值。产品群中规律性显现的形态符号应保持延续性且具有识别性，消费者多次接触产品群中规律性显现的形态符号，会形成对产品风格的印象，加深对品牌理念与文化的理解，提升自身对品牌的忠诚度。宜家作为全球知名的家居品牌，其产品设

图2-5　宜家的BILLY书架和MALM床

计策略便展示了形态符号在产品群中的规律性应用，以及如何通过设计强化品牌印象、增加品牌价值。宜家的设计哲学围绕着"民主设计"理念，强调功能性、耐用性、质量、低价格和环保五个核心要素，这些要素在产品设计中被反复体现，形成了品牌独有的风格和符号系统。宜家在产品中广泛采用平板包装、模块化设计和标准化配件，不仅降低了生产和物流成本，也通过这些重复出现的设计特点，强化了品牌形象。例如，其**BILLY**书架和**MALM**床系列（图2-5），凭借简洁的线条和高度的可定制性，成为品牌的标志性产品，提升了品牌价值。

（2）形态展现功能

产品承载着功能的实现，而形态则是连接产品实体与功能特性的桥梁。产品的各种信息，包括其内在属性、核心功能等要素，往往通过外在形态得以传达和诠释。唯有凭借其全面而独特的外部形态特征，产品方能成为人们认知的对象并被实际使用，进而有效地发挥其预设的功

能。例如，在啤酒杯设计中，设计师依据具体的消费情境，创造性地将"啤酒瓶"的象征符号内化于啤酒杯的内部空间构造之中（图2-6）。当啤酒注入杯中时，会逐渐显现出倒置啤酒瓶的形象，这一匠心独运的设计不仅构建出一幅生动的畅饮画面，还巧妙地激发了消费者的参与热情，使得单纯的展销环境转变为富有感染力的消费体验场景，引导消费者在享受过程的同时产生购买行为。另一方面，以GNC BURN 60为例，这款功能性显著的产品主打"减肥"功效（图2-7）。设计师敏锐地洞察到女性减肥者对于腰围变化的高度关注，并以此为切入点，将产品包装袋的封口动作设计成隐喻腰围缩减的过程，从而精确且形象地传达出GNC BURN 60的核心功能——"减肥"。这一设计策略精妙地运用形态语义学原理，将产品的功能主题直观呈现给目标用户群体，有力地提升了产品的功能价值认同及市场接受度。

图2-6 具有形态变化的啤酒杯

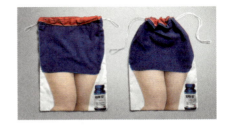

图2-7 GNC BURN 60的瘦腰袋

日本设计师森正洋精心创作的茶具系列[图2-8（a）]，其中盖钮部分的设计独具匠心，具备了挂钩的功能特性。其倾斜式造型的盖钮可巧妙地挂置于茶壶外侧壁上，这一设计不仅显著降低了盖子因意外碰撞而破损的风险，还有效地节省了空间。此外，盖钮表面特意加工出凹面结构，与指尖自然贴合，在倾倒时拇指能够轻松且舒适地放置于此，增强了操作性。把手部位特别设置了凸点，旨在确保使用者能牢固稳定地握住把手与壶身连接的部分，使得端拿更为稳健。设计者深思熟虑，将手指握持位置设置得尽可能靠近茶壶重心，从而令使用者在倾倒茶水时更省力，提升使用体验。对于不具备盖钮设计的茶壶盖而言，其直径须控制在适合单手揭开的范围之内，即一般不得超过拇指和食指所能承受的最大间距（≤13cm）。过大的直径会导致揭开时用力不便，易致手部疲劳紧张，进而增加盖子滑落的可能性。而在盖子上增设盖钮，则能有效支持单手拿取较大尺寸的盖子。

值得一提的是，森正洋为盲人特别定制的FANCY CUP杯子系列，共包含六种不同样式，每款均设有专为手指定位的凹陷与凸起结构[图2-8（b）]。这些触觉提示使得视觉障碍者能够轻易辨识并抓取自己的杯子，极大地方便了他们的日常生活，并且该杯子同样适用于视力正常的使用者。在聚会或酒会等场合中，采用此类纹路各异的杯子会引起人们的好奇心，促使他们通过触摸感受杯子的独特起伏。由于触觉有助于加深认知及强化记忆，因此即使是在微醺状态下，人们也能准确找回自己起初选用的杯子，从而保证餐饮过程更加健康卫生。此设计不仅提升了产品的功能性，更是体现了对人性需求的深切关怀，而表层高低起伏的形态在提供良好握持感的同时，也增添了产品形式上的美感。

另外，森正洋所设计的一款果盘采用了独特的卷曲造型，彻底颠覆了传统的持握方式[图2-8（c）]。使用者需以手掌托住盘底的卷曲部分来拿起果盘，这种设计既能防止水果滑落，又与手部的自然弧度相契合，使得端拿更为稳固可靠。果盘轻巧便携，便于使用者边走动边享用美食。新颖的端拿方式赋予了产品别样的新鲜感，使其成为一款令人喜爱且实用的设计佳作。

（a）

（b）　　　　　　　　　　　　　　　　　（c）

图2-8　森正洋设计的茶具、杯子和果盘

2.2.2 色彩符号

色彩是一种客观存在的物理现象，自身并不具备情感因素，但是色彩是造型符号中最为感性且最具感染力的要素。通过视觉刺激，色彩可以使人的生理和心理机能产生不同的变化，从而引起人的各种情绪波动与情感联想。

（1）色彩的情感象征性

色彩的情感源于人们的生活经验，如当人们看到燃烧的火焰和红彤彤的太阳时会感到温暖，因此红橙色系的色彩被称为暖色系。反之，湛蓝的海水给人清凉感，因此蓝绿色系被称为冷色系。高明度色彩让人觉得轻快，高纯度的色彩给人华丽感……人们对这些色彩情感的认知已经达成了共识。设计师应当对此充分了解并将其恰当地运用在自己的设计中。如水龙头的红蓝色标签设计（图2-9），红色代表热水，蓝色代表冷水。母婴病房通常选用粉色作为主色调，以体现病房环境的温馨舒适（图2-10）。因此，产品色彩设计既要适合产品的性质、使用环境，还要符合人们对色彩感受的普遍认知，能够带给人们美的感受，唤起人们对美好事物的联想。

色彩的象征性是色彩情感与联想的深层次表达，具有地域性、民族性、文化性、历史性等社会特征，即使是同一色彩，在不同的民族、不同的地域文化、不同的历史时期，都有着不同的意义解读。正如白色被很多人认为是纯洁的象征，但是在中国的丧事活动中也会用到大量白色，以表达悲哀沉痛之情。火红的玫瑰被视为爱情的代表，因此红色通常会被人们认为是甜蜜的爱情之色，而在革命战争年代，红色如同火焰，象征着革命的熊熊热情和不屈不挠的精神。在当下的和平年代，红色是中国人民最喜爱的吉祥色彩，寓意着好运与幸福（图2-11）。

图2-9 水龙头的红蓝色标签　　　　图2-10 母婴病房　　　　图2-11 象征好运、吉祥的红色

　　流行色是指某一时期与范围内人们产生共同偏爱的某一组或几组色系，并成为这一时期内社会和消费市场的时尚风向，是带有倾向性的色彩。流行色具有时效性、区域性、普及性、周期性和经济性等特点。流行色具有极高的商业价值，准确把握流行色信息并合理、科学地运用流行色能够为企业创造很好的经济效益。以往人们认为流行色的主要应用领域是服装行业，实际上流行色早已渗透到生活中的方方面面。虽然不同类型、不同级别的产品色彩定位策略有所不同，但是对于大多数商品来说，运用流行色是有效的商业竞争手段。产品设计师应准确把握流行色信息与趋势，在充分了解产品属性的基础上，恰当运用流行色配色能够提升产品的美观性，为企业提高经济效益。

（2）色彩的品牌识别性

　　在产品视觉设计中，色彩的影响力占据主导地位，其对用户产生吸引力的比例通常超过60%，对于企业品牌形象建设而言更是至关重要。作为品牌信息传递的关键载体，产品的视觉呈现直接影响着用户的直观感受。特别是在同一品牌拥有多条产品线的情况下，确保各产品系列间的色彩保持一致性，是塑造强有力的产品形象、强化消费者一致认知与记忆的重要配色策略。与此同时，在处理不同产品系列之间的关系时，应

图2-12 苹果公司产品

注重融入品牌核心色彩的一致性元素，并在此基础上探寻和建立统一性与变化性的和谐共生关系。苹果产品的颜色设计秉承极简主义理念（图2-12），通常采用单色调或少量组合的高级灰阶、纯色设计，如经典的白色和银色，以及后来推出的太空灰、金色、玫瑰金、暗夜绿等。这些颜色简洁而不失高雅，体现出现代科技与艺术美感的完美融合。不论是iPhone、iPad、MacBook还是apple watch等产品线，都有一致的品牌色彩体系，能确保在不同产品之间形成强烈的品牌辨识度。

　　品牌色彩的一致性原则，并非指僵化不变地沿用同一组配色方案，而是在特定时期内，应基于市场趋势与需求适时进行调整更新。然而，在相同的时间跨度里，品牌旗下的各类产品应当展现出相对一致的设计风格，确保产品形象的统一性得以维持。为了实现色彩应用的精准定位，众多企业内部专门设立了色彩研究室和色彩研究中心等专业部门，通过持续深入的研究分析和大量数据统计，为公司的产品色彩设计提供有力支持和科学指导。

　　全球众多企业，诸如英国的Global Color Research公司、荷兰的Metropolitan BV公司、美国

的Pantone色彩研究机构以及日本的立邦公司等，均高度重视色彩在产品设计中的战略作用。这些企业不仅深入探究如何将品牌形象与精准的色彩流行趋势分析相结合，还会针对新产品开发一套独特的色彩体系，以强化品牌辨识度，并确保其产品色彩设计始终保持与各自品牌属性和形象的一致性和连贯性。即便产品的色彩各异且随潮流而演变，但通过巧妙的色彩设计方案，品牌下各类产品的颜色始终能够体现出一致的品牌设计理念，从而在颜料选择、材料应用、设计创新直至最终商品化的过程中实现整体的视觉统一性。在中国，海尔、美的、格兰仕等知名品牌同样致力于此道，凭借精良的色彩设计策略来提升品牌影响力和市场竞争力。

在确保品牌色彩一致性方面，可以采用一系列设计策略。例如，通过保持色相、亮度、色调及饱和度的一致性，以及对色彩面积分配和配色组合方案进行协调，使之呈现出相似或统一的特征。同时，材质的选择与搭配也应力求一致或相近，这些方法都能有效地体现品牌色彩的整体性和连贯性。图2-13、图2-14分别为可口可乐和百事可乐的产品包装展示。可口可乐的经典瓶身被称为"可乐曲线瓶"，其独特的弧线形状极具辨识度。在颜色方面，可口可乐的主色调是红色和白色，红色代表热情、活力与欢乐，而白色则用于品牌名称和标志性的波浪形符号。此外，

图2-13 可口可乐的产品包装展示

图2-14 百事可乐的产品包装展示

包装上的logo（标志）通常会配以银色或白色的背景，使其在货架上更为醒目。百事可乐的包装设计也极具现代感和时尚气息，通过波浪元素、三色组合和频繁的设计创新，展现了品牌年轻与活力的形象。在颜色搭配上，百事可乐采用的是深蓝色、红色和白色的组合，其中深蓝色是品牌的主要识别色，代表着清新、活力和无畏挑战的精神；红色点缀其间，增添活力与激情；白色主要用于显示文字和信息。

（3）色彩的视觉吸引力

产品色彩设计中的审美取向涉及两个方面。一方面，设计师满足消费者对色、质产生美的感受的需求，同时在设计中融入了个人的审美倾向，使得消费者对产品的形、美产生一定的印象。另一方面，消费者对于产品色彩美感的认同来自自身对产品的审美需求。产品色彩设计成功与否，既取决于设计师的审美倾向及表达能力的高低，还取决于其是否能够满足大众消费群体的审美需求，并激发新的色彩审美趋势。

在产品造型符号中，色彩较之于其他造型符号给人的印象是迅速、深刻、持久的。心理学研究表明，人在观察物体时，在最初的20秒内，色彩印象占据视知觉感知内容的80%，而形体印象占20%；2分钟后色彩占60%，形体占40%；5分钟后大约各占一半，这种状态将持续保持。因此，色彩对于产品营销具有重要影响。美国营销界总结了"7秒定律"，当消费者面对货架上琳琅满目的商品时，只需要7秒就可以确定是否对这些商品有兴趣，而在这短暂的7秒内，色彩的作用占67%。因此，产品色彩设计策略对于产品最终在市场上所实现的经济价值具有重要作用。通过色彩塑造产品差异化形象与差异化服务是行之有效的便捷方法。如魅可经常

推出各种主题的限量版彩妆产品，其中就包括采用独特或流行色彩的彩妆盒设计，如合作艺术家系列、龙年限定系列等（图2-15），通过丰富多彩且极具吸引力的包装设计，成功引导了消费者做出购买决策，提升了产品的收藏价值和话题性。

图2-15　魅可的龙年限定系列

2.2.3 材料符号

材料作为产品符号系统的构成要素之一，一方面，其物质属性是产品结构、功能的载体，另一方面，材料的质感肌理以及独特的气味能够提升用户的使用体验，唤起消费者的情感共鸣，传达地域文化价值。新材料的出现为设计师带来了更多的设计灵感，同时也为大众生活创造了许多惊喜。对于产品材料的设计研究与创新运用能够为设计师提供新的思路和方法。

（1）材料质感的表达

在材料所表现出来的属性中，质感作为用户触摸产品时所获得的直接感受，展现了材料本身最实质的实体感觉。材质和质感互为表里，各种材质借着质感来显露自身的面貌，也透过质感来表达自身的特性。换言之，"质感"就是指物体材质所呈现出的色彩、光泽、纹理、粗细、厚薄、透明度等多种外在特性的综合表现。

产品质感的表达必然离不开产品色彩和表面处理，也就是CMF[颜色（color）、材料（material）、工艺（finishing）]。产品材料质感的呈现大致可分为两类：自然材料原貌和表面加工处理后的质感。

自然材料原貌表现是指在设计中保留材质本身的颜色和肌理。常用的材料有竹、木、石头、真皮等。这类材料若用于文创产品设计，可表达文艺气质或传统文化；若用于工业产品设计中，则可以表达产品的个性化，以及自然、环保的概念（图2-16）。

图2-16　保留自然材料原貌的产品

市场上大多数商品所呈现的质感都是经过表面加工处理后所呈现的效果（图2-17），而非材料真实样貌的表现。针对不同的材料和表达效果需要使用不同的处理工艺，常用的产品表面处理工艺有以下几种。

①**免喷涂工艺**。免喷涂材料是一种不需要做表面处理的材料，只需要在材料生产过程中添加微米级的色粉，例如金属粉、珠光粉等高反光材质。产品使用这种材料成型后就会具有金属质感或珠光质感等表面效果。产品使用免喷涂材料减少了成型后的表面处理工艺，具有相对环保和低成本的优势。常用的免喷涂材料有塑胶、硅胶类材质。这种材料目前主要应用于家用类产品设计中。

图2-17　表面处理工艺

②**涂料涂装**。涂料涂装工艺多用在塑胶产品表面肌理的处理上，偶尔也用于金属表面喷涂，比如镁合金或者压铸铝。涂料涂装具有保护、装饰等功能。根据产品的形状及底材的不同，涂装工艺具体可分为喷涂、淋涂、浸涂、刷涂、滚涂等。该工艺主要应用于消费电子产品、智能产品、小型家电产品的表面处理中。

③**镀层**。电镀工艺是一种功能精饰技术，大量应用于电子产品的表面处理中。合金镀层具有耐磨性及耐蚀性强、镀层厚度均匀、致密度高等特点。其光泽感佳，视觉冲击力强，但是只适合小面积装饰使用，因为大面积的高光会有种油腻感，给人造成产品廉价的印象。

④**阳极氧化**。阳极氧化是铝合金底材常用的保护着色工艺。手机类产品经常使用该工艺做表面处理。

⑤**膜片**。膜片工艺主要应用于塑胶类材质和玻璃类材质的表面处理中。针对塑胶类材质，可通过在模具内覆膜或膜片转印等技术，使一个部件能具有多个颜色或多种图案，如电子产品按键的图案、字符及透光可以一次性加工完成，简化了生产过程。针对玻璃类底材，可通过贴膜实现颜色和纹理的改变，如手机后盖玻璃底材覆膜。

⑥**水转印**。水转印主要是实现产品着色和纹理的工艺。

⑦**多色注塑**。多色注塑可在一个部件上实现多种色彩的表达，或满足特殊功能需求。该工艺运用于三防产品中，具有分色和保护的作用。

设计师只有充分了解材料的表面处理工艺及适用范围，才能优化设计方案、实现生产目标，充分发挥材质符号的魅力。

（2）材料独有的气味

气味作为一种独特的物质属性，可对人类的嗅觉产生强烈影响，构成生理与心理的双重感知刺激。2004年诺贝尔医学奖得主、美国科学家理查德·阿克赛尔和琳达·巴克经过长达14年的深入研究，揭示了气味记忆的本质机制，即人脑主要通过联想过程存储气味信息，并将其与特定物体、场景乃至事件紧密关联，从而使气味成为情感记忆的重要组成部分。因此，人们能够有意识地感知并识别某种气味，在未来的某个时刻重新唤起对它的记忆。伦敦大学神经生物学家杰伊·戈特弗的研究进一步表明，在各类感觉记忆中，嗅觉记忆尤为持久且难以抹去。视觉记忆可能在数小时或数日内便被逐渐淡忘，但与嗅觉相关的记忆却能在较长的时间跨度内保持鲜活。一旦形成嗅觉记忆，个体往往难以通过主观意愿将其从意识中彻底消除。例如，在医疗环境中融入橘子的香气可使人感到更为舒缓放松，同时愉快的情绪状态也能提升个体对气味的敏感度。味道具有唤醒情感共鸣的力量，能够引导人们回忆过去并激发相应的情感反应。以"气味打印机"

图2-18 气味打印机

（Scent Capturing Postcard）为例（图2-18），这款创新设备相当于一个配备微型气味传感器的喷墨打印机，能通过内置传感器解析食物或其他对象的味道，并借助内部的气味合成模块进行模拟复制，随后将合成后的气味与墨水混合，实现对明信片的"色香味"一体化打印。为确保气味得以长久保存，此类明信片表面还会进行特殊的覆膜处理。如此一来，即使你身处巴黎品尝着法式大餐，也可以利用这一装置将美食的诱人香味连同实物图像一同定格于明信片上，并寄送给远方的亲友，让他们虽远隔万里也能共享那令人垂涎欲滴的美妙体验。

设计师Guillaume Rolland设计的Sensorwake气味闹钟（图2-19），巧妙融合了光线、声音以及香气元素，在短短两分钟内便能以优雅而高效的手段唤醒用户。该设备配置了一种可持续使用一个月以上的芳香胶囊，通过向室内弥漫精选香气以达到唤醒效果。除了经典的咖啡香气之外，该闹钟还提供了丰富多样的香味选项，诸如肉桂苹果、清凉薄荷、甜美香草以及宁静海边等气息，各具特色，皆可唤起美好的感官体验。只需简单地将芳香胶囊插入设备中，并预先设定好闹钟计时器，待到预定时间，闹钟将会同步播放柔和悦耳的背景音乐，同时伴随微妙的光亮闪烁，顷刻间，满室充盈着宜人的香气，迅速而温和地引领用户步入清醒之境。

图2-19 气味闹钟

（3）材料独特的感知

用户对产品材料的感知可以分为生理感知和心理感知。用户通过感觉器官来综合感受材料的纹理和质地，再通过联想产生特定的情感体验，并逐渐在材料与感官经验、心理经验以及意义指向之间建立起稳定的联系。例如：羊毛织物摸起来柔软，不光滑，不冰冷，给人以温暖、舒适的感觉（图2-20）。当人们对羊毛织物的这种感觉经验形成固有印象时，只要想到这种材料，人们内心就会感觉温馨舒适。设计师在运用材料符号时应充分调动用户的多感官感知，让其沉浸在材质的美感与质感中，引发美好的联想，进而认同产品。例如：深泽直人的水果饮料包装，没有明显的商标，也没有夸张有趣的图形，仅仅将包装盒制作出真实水果的色泽和肌理，竟然如此生动诱人（图2-21）。消费者拿着这样的饮料盒，仿佛就是拿着天然的水果。有什么样的包装和广告宣传能比这个包装盒对水果真实性、天然性的阐释更有说服力？

图2-20　羊毛织物　　　　　　　　　图2-21　深泽直人水果饮料包装设计

　　材质符号作为人类社会发展历程中的一项重要标识，承载着记录与诠释文明演进的功能，它揭示了人类文化发展的时间线及其精神内涵。从工具制作技术的演变历史中，我们可以深刻洞见人类对材质运用和符号表达之技艺的渐进精细的发展过程。在原始社会的旧石器时代，工具主要服务于基本生存活动的需求，其形态粗犷且未经精雕细琢，旨在实现初步的操作功能，而非优化持握体验或持久耐用性。然而，在新石器时代后，随着磨制工艺的进步，工具表面变得光滑规整，不仅触感改善，更能够满足长时间使用和精细化劳动作业的要求，从而推动了生产专业化的发展趋势。随后历经陶器制造、青铜冶铸以及铁器冶炼等重大阶段，人类对于材料特性的理解和利用愈发深入，工具的设计与制作逐渐复杂化，精确度亦不断提升，各类材质得以根据其性能特点被恰当地应用于不同类型的工具上。进入工业革命之后，现代工具在材质选取及表面处理技术上的进步可谓日新月异，相较于传统工具更为复杂多元。设计者在考量工具功能性的同时，更多地关注操作者的触感需求，力求通过材质的科学应用提升工具的整体效能与用户体验（表2-1）。

表2-1　材料质感变化

旧石器时代	工具笨拙粗糙，不适于长时间持握
新石器时代	工具经过打磨，表面光滑规整，手感较好，可以较长时间持握和使用
陶器时代、青铜器时代和铁器时代	工具不断趋向复杂化和高精确度，并根据不同的材质特性，将其应用于具体类型的工具中
工业革命之后	现代工具的材质以及表面处理方式比过去要复杂得多，对操作的触感因素也有更多的考虑

　　在地域文化和时代背景等因素的影响下，一些材料被注入了鲜明的地域文化特征而成为一种地域传统文化符号。例如竹子是极具东方文化色彩的自然材料，利用竹材料所制作的器物除了具有自然质朴的气质之外，还反映了东方文化造物观念和审美特点（图2-22）。对于这些具有地域传统文化符号特征的材料，设计师在充分尊重和理解材料文化语义内涵的同时，还应运用现代设计观念、顺应现代审美需求，探索传统材料的创新应用，赋予传统材料新的语义内涵，让传统材料随着时代的发展焕发新的生命活力（图2-23）。

图2-22 竹制品

图2-23 无印良品的竹制、木制家具

（4）材料的创新发展

人类生活中充斥着各种各样的产品，各项活动需要借助相关产品的参与来完成，产品会与特定的社会活动、社会现象、社会问题相联系。材料作为产品构成要素之一，必然会反映出一定的社会特征。在材料学领域，许多专家学者希望通过对环保材料的研究与开发来改善日趋严重的生态环境、资源能源问题。在产品设计中使用环保材料不仅能够缓解资源紧张、环境污染等问题，还能为一些资源匮乏、经济落后地区的人们提供一些解决实际生存问题的有效方案。环保材料的应用是实现社会可持续发展的方法之一，同时也体现了产品设计师的社会责任感和人文关怀（图2-24）。

从人类先祖对自然材料的简单运用，到当代人工材料的不断创新，新材料的每一次出现都会为我们的生活带来许多惊喜，也为产品设计提供了更多的思路和可能性。产品设计师应当关注和把握新材料的发展动态，并将其准确、恰当地运用于产品设计中，提升现有产品的能效，创造人类生活新方式。正如非牛顿流体制成的减速带作为一种创新的道路安全设施，巧妙地运用了该类流体独特的力学特性，以适应不同车速下的减震需求。当车辆缓慢通过时，非牛顿流体会呈现出柔和的状态，使得车内乘客几乎不会感到明显的颠簸；反之，在车辆高速通过的情形下，这类流体则能迅速硬化，从而提供显著的阻力和有效的振动吸收效果，强制驾驶员降低行驶速度。基于非牛顿流体"剪切增稠效应"的内在机制，即施加力量越大，其内部结构将更为紧密，黏性也随之增强，进而产生更强的阻尼性能。鉴于此装置能够随车速变化智能调节硬度，因此其能够在确保不引起过度振动和噪声的同时，有力地促使超速车辆降速，进而提升道路安全性。相较于传统橡胶材质的减速带，非牛顿流体减速带在耐久性和对车辆悬挂系统的冲击保护上展现出一定的优越性。尽管从理论上讲，此类新型减速带具有诸多优点，但现实应用案例尚未普及，并且可能面临成本高昂、维护复杂及长期性能稳定性有待验证等方面的挑战，因此，相关研发与完善工作仍在积极进行中（图2-25）。

图2-24 环保材料的应用　　　　　　　　　　　　图2-25 非牛顿流体减速带

　　日本设计师铃木康广的《包菜碗》（图2-26），尺寸为真实包菜大小，分层包裹，保留了其原始的"工作"原理，将自然蔬菜转换成白色瓷碗，打破了自然界中的包菜作为蔬菜给人的视觉和触觉感受。虽然这样的设计在某些情况下高度程式化，但它们仍然保持了吸引力和触感功能。这种将陶器艺术融入日常生活的方式，增强了我们对食物的食欲，美化了家居环境，并通过提供必要的仪式感来滋养我们的心灵和身体，精心设计的陶器不仅能满足使用上的需求，带来视觉上的愉悦，更能激发内心的思考，增添生活的趣味。

图2-26 铃木康广的《包菜碗》

2.2.4 图像符号

　　关于符号，皮尔士（Peirce）说过："符号就是某东西A，它指出某一事实或客体B都是为了对这一事实或客体赋予某种解释性的思想C。"符号是代表一切事物的意象，它可以是声音、文字、图形，也可

图2-27 符号的解释

以是一种思想文化，甚至是一个时代的人物。它本身具有特定的内涵，储存着一定的信息。符号是一个很大的概念，许多事物都要靠各种符号来传达出它的意义和存在价值，从科学到艺术，从物质到情感，无不具有其独特的符号系统和信息传达功能，产品也不例外（图2-27）。

　　图像符号是一种以视觉图像为主要特征，旨在传达特定信息的符号体系，在产品设计领域中，图像起到了加强用户与产品之间联系的关键作用。产品的视觉表达主要依托于直观图像的构建，这些图像通过整合多元化的元素来诠释和呈现产品的内在含义及语义内容。在产品形象的表现过程中，不仅注重其直观的视觉表达力，还借助空间布局、形态设计、材质选用、色彩搭配以及结构规划等多元化的构成要素，深入挖掘并阐述产品图像符号的深层意蕴。在产品图像符号学的范畴内，可以将符号细分为三个不同的层面：产品的具象符号、产品的抽象符号和产品的指示性符号。

（1）具象符号

具象符号是通过模仿或借助相似的、客观存在的事物，用已有的事物来表达出它自己的意义，是被直接读取的符号。人们通过产品的形象来辨别其图像符号的指代，而产品图像符号显示了产品形象所传达出的部分视觉信息，是一种原始的表达信息的方式。它所运用的图形是利用不同形象之间的关系来组成信息与含义。

具象符号分为自然形态和人工形态。在自然界中存在着各种各样的形态，这些形态归纳起来可以分为两大类：非生物形态和生物形态。非生物形态，即指那些不具备生命特征的物质存在形式，涵盖了如蓝天中的流云、海洋上的浪涛以及山峦间的奇特岩石等诸多无生命的实体形象，此类形态又通称为无机形态（图2-28），其特点在于缺乏内在的生命活力。而生物形态，则是指具有生命力的各种形态表现，包括但不限于各类植物形态以及动物形态等生动活泼的存在形式，它们富有生机与活力，这一类形态亦被称作有机形态（图2-29）。总之，自然界中客观存在的所有形态均归属于自然形态范畴，它们是人类艺术创作灵感的重要源泉，也是所有形态学研究及创造活动的根本基础。

图2-28　大自然中的无机形态　　　　　　　　图2-29　大自然中的有机形态

人工形态是人类在认识自然和改造自然的过程中利用自身条件从自然形态中感悟、提炼、升华出来的刻有人类印记的形态，在创造人工形态的过程中，需要考虑材料和制造等问题。从横向角度看，这些人工形态除了要将人类的印记表达出来，还要体现出当时当地的政治、经济及文化等信息。从纵向角度看，人工形态随着历史的发展而不断变化，是以人的主观意识为原型被创造出来的。创造人工形态是人们生活的需要，它不仅满足和丰富了现代人们对物质生活的要求，同时还起到了美化人们的生活环境、陶冶人们的思想情操、提高人们的精神生活质量的重要作用。

（2）抽象符号

①几何学的抽象形态。几何形态作为几何学中的基本图形形式，具有单纯、简洁、庄重、调和、规则等特性。在艺术设计与装饰图案中，这些几何形态经过抽象化处理，形成具有形式美感的视觉语言，统称为几何学的抽象形态。根据几何图案在空间构形中的抽象程度可将其分为：几何形（抽象）、写意形（半抽象）和写实形（半抽象）三个类型。

a.几何形（抽象）。主要指以几何形体为基本元素，脱离具体物象、具有高度抽象性与秩序性的图案。其主要形式包括：图案单位较大的复合几何纹、中型几何填花纹、小型几何纹、龟甲纹、方胜纹等。这些图案通常具有严密的结构、重复的节奏以及强烈的视觉秩序感，常用于织物、建筑与器物装饰中。

b.写意形（半抽象）。通过对自然形象（如动植物）进行几何化提炼，在保留原型特征的基础上，以简化线条、对称结构等手法实现装饰性与功能性的统一，典型代表为商周青铜器中兼具兽形神韵与几何规整的饕餮纹。

c.写实形（半抽象）。以现实物象形态为参照，在真实基础上进行几何化形式规整（如将树叶概括为对称锯齿形），弱化随机性，增强图案的节奏感。几何化处理过程中不能省略物象的关键细节（如结构、比例、特征部件），保留清晰的现实物象辨识度。

②有机的抽象形态。这一概念涉及从自然界的有机体中提炼而出的非具象形状，诸如生物微观世界的细胞构造、自然生成的肥皂泡沫，或是河流中磨砺而成的平滑鹅卵石。这些形态普遍展现出柔和的曲线美，弧面顺畅，形态饱满而浑圆，给人以简洁而不失动感的视觉印象。

③偶然的抽象形态。偶然的抽象形态源于自然界中不经意的邂逅，譬如天际瞬息万变的闪电痕迹，或是玻璃破碎后形成的独特纹路。这些形态常常蕴藏着一种无规则的张力与视觉冲击，尽管并非所有偶然形态均能直观显现美感，但正因其蕴含非凡的力量感与变幻莫测的效果，故而它们能够激发观者的无限遐想与新颖见解。某些时候，这些非常规形态较之标准模式，显得更迷人、更具吸引力，展现出独有的魅力价值。

（3）指示性符号

指示性符号，作为一种以符号形式传达理论内涵的手段，其与所表达概念之间存在着必然性的联系、实质性的关联或逻辑上的内在契合。指示性符号与被指涉对象的关系可能表现为因果性关系，如烟雾与火源的象征；或是邻近性关系，包括空间相邻性和时间连续性；还可能是制度性关联，如军衔等级的示意。在产品设计的造型元素中，指示性符号扮演着揭示"显性"联系的角色，即产品的造型本身直接阐明了其内容本质和功能特性。通过精心设计产品的形态特征部分以及操作界面，指示性符号可以凸显出产品固有的、内在的功能价值。它借鉴并利用人们在日常生活中积淀而成的经验规律，创造出符合人类行为习惯和认知惯性的产品形态，从而有效地引导用户理解并掌握产品的使用方式。举例来说，按钮表面特意设计为凹陷形状，旨在顺应人们的操作直觉，使其自然而然地联想到"按压"动作（图2-30）；而

图2-30 不同的按钮

图2-31 瓶盖的竖向纹理

旋钮则通过区分粗调区域的粗糙纹理和微调区域的细腻纹路，使得用户无需过多思考就能直观感知到产品的操作模式；基座表面上分布的颗粒状凸起，则明确标识出手握区域的位置；瓶盖上刻划的竖向纹理，则是提示使用者需要进行旋转操作的显著标识（图2-31）。

在日常生活中，处处可见指示性符号的存在。例如刀叉图形表示餐厅，点燃的香烟表示可以吸烟，禁烟则是在香烟上加一个"\"的符号；另外还有一些出行标识，如路标符号、禁止通行符号、旅游区符号等（图2-32）。

当下是一个以视觉文化元素为主导的信息传播时代，新的视觉文化最显著的特点是将非视觉性的东西图像化，即将所有可触、可见的事物视像化，强调视觉形式的表现经验。随着新媒介、新材料的不断涌现，传播的手段和渠道也在不断更新，各种新媒介相互渗透和交织，使世界呈现出一种碎片化的视觉语言模式，连信息、数据都在强调可视化。随着信息技术

禁止吸烟　　　　餐厅　　　　注意落石　　　　注意儿童

禁止驶入　　禁止非机动车进入　　机动车　　旅游区方向

图2-32　日常标识

的不断进步，VR、数字化多媒体等新媒介的不断涌现，以及各学科的互相渗透，视觉传达设计不再局限于以形式美为目的的二维元素组合和外表的堆砌，"看"的内容越来越丰富，也越来越强调观者对作品的切身体验及情感的表达，总之，视觉传达是通过所有可见内容来"传送"信息的。

2.2.5　声音符号

产品语义设计的核心之一在于通过设计引导用户在认知产品功能特性和美学价值的过程中构建心理意象。除了广为熟知的视觉设计元素，听觉设计元素正逐渐崭露头角，成为揭示产品属性和深层含义的新维度，这源于声音所特有的、无法被视觉替代的感官影响力。

（1）声音的沉浸感

随着人工智能技术的飞速发展，社会对声音感知的需求日益凸显，在智能产品界面设计中，无论是图形生成、信息传播环节，还是人机交互与联动过程，声音的提示与反馈的作用都愈发不可或缺。适宜的声音设计能够强化人机互动性，提升操作可见度，并提供有效反馈，从而带给用户舒适愉悦的体验感受。声音更是营造用户使用过程中的"临场感"与"沉浸式体验"的关键要素，弥补了视觉与触觉感官可能存在的局限性，实现全方位、多维度的感知体验。

德国美学学者费歇尔曾有言："各感官并非孤立存在，而是作为一个整体感官系统的分支，它们可以在一定程度上相互补充和替代；当一种感官受到激发时，其他感官会作为记忆、和谐共鸣或隐喻象征而产生共鸣。"以弹奏钢琴为例，指尖与琴键间的接触与按压动作产生了音乐声波，不同的按键速度、力度与高度变化将带来各异的音效表现。单是手指触碰琴键这一行为，就足以唤起听觉、视觉乃至潜意识层面的味觉系统响应，进而引发多重感官联结的综合体验，让五感皆得满足。进一步而言，在宜人的环境中品尝美食，伴有悦耳的音乐（听觉）、食物鲜艳诱人的色泽（视觉）以及香气扑鼻的气息（嗅觉），这些都能显著增强食欲并丰富享受食物的过程。比如，在咀嚼美食时，良好的口感（触觉）能极大地提升食物的美味程度。日本知名的Cold Stone Creamery冰淇淋专卖店即深谙此道，他们鼓励顾客自选喜爱的配料混合至冰淇淋中，在等待过程中，店员还会为顾客献唱，这种创新的体验方式使得原本可能令人不耐烦的排队等候时间变得轻松愉快，消解了顾客的焦躁情绪，提升了顾客的整体感官体验（图2-33）。

在中国传统文化中，音乐的艺术表达形式别具一格，例如唐代诗人白居易的《琵琶行》中，以"嘈嘈切切错杂弹，大珠小珠落玉盘"这样生动的诗句，将琵琶音韵的细腻与丰富描绘得活灵活现，读者仿佛置身于演奏现场，直观感受到琵琶的音色之美。进入近代，音乐可视化的一个重要里程碑是频谱的出现，它随着旋律的起伏变化，以直观的视觉形态展现了音乐的律动，为欣赏音乐提供了全新的视角。此后，随着科技的进步，音乐表现形式日益多样

图2-33　Clod Stone Creamery冰淇淋专卖店

化，音效设计日趋丰富，能够随旋律演进展现出多变的形态与视觉效果，进一步拓宽了音乐体验的边界。时至今日，音乐的演绎与表现手法推陈出新，许多设计师和艺术家尝试采用现代技术与媒介，如装置艺术，来诠释音乐的内涵。例如，通过装置模拟空灵的水滴声，或是展现大海波涛的动态景象，这些创新实践不仅丰富了音乐的表现维度，更为声音与音乐的视觉化设计研究积累了宝贵的经验与素材，启发了人们对未来音乐与视觉融合方向的深入探索。

声音传达是人与人之间利用"听到声音"的形式进行交流，是通过听觉神经系统和听觉中枢的分析，使"听到声音"的信息进行表达传播的方式。所有由声音的创作者设计、编辑、合成后发布并由听者接收的声音信息，都能够表达出详细的时间、事情、地点等客观信息，同样也能够表达出感情、情绪等信息。听者在发出声源者的引领下，通过听的过程，完成对声音信息的认知及内容的传递，这是建立在创作者以及接受者之间的交流。总之，听觉传达是通过所有听到的内容来传递信息。

（2）声音的视觉化

视听均是人类接触、认识以及了解世界的重要手段，不过对古今中外不同的领域进行研究后发现，无论是在生产劳动中，还是在科技发展、文娱活动等领域，都很容易看出人们对视觉的使用和探究要比声音多得多，尤其是在文化艺术领域，视觉艺术的发展程度远远超过声音艺术。在分析并确定视觉传达及声音传达的概念后，可以看出视觉、听觉系统的输入和输出信息的过程是一致的，不同的是各自"传达"出的信息由创作者的表达内容、情感和认知所决定，因此视觉、听觉系统能够互相转换、相互结合进行创作。

客观的声音视觉化属于物理现象。1787年，德国的物理学家克拉尼发明了使声音凝固静止的方法，让我们能够"看见"声音。在铁板上撒满细细的沙子，然后用琴弓摩擦板子边缘促使其振动，细沙会随着声音振动而展现出各种图形、花纹。借助这样的方式，我们就看见了被称作是"驻波"的几何图形，也就是"凝固的音乐"，克拉尼也因此被尊称为"声乐之父"（图2-34）。

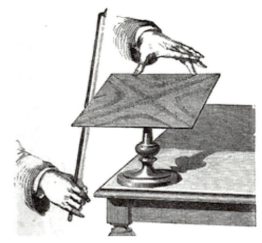

图2-34　克拉尼板技术图解

瑞士平面设计大师尼古拉斯·卓思乐在创作手法上与金特·凯泽形成了鲜明对比，其作品并未采用摄影元素混搭来营造超现实主义的浓厚氛围，反而更倾向于借助文字及色彩元素传达轻快意蕴。作为设计师，卓思乐长期投身于音乐节的策划组织工作，这一举动恰好为他提供了一个绝佳平台，他将对平面设计艺术的挚爱与爵士乐的热情巧妙地融为一体。他曾说："我对爵士乐的所有热爱之处，在设计领域同样产生了深深的共鸣：节奏韵律、声

图2-35 尼古拉斯·卓思乐的作品

音质感、明暗对比、互动交流、实验精神、即兴创新、构思布局以及独立思考。我进行设计实践的同时，始终保持着举办爵士音乐节的传统。自20世纪60年代中期以来，这两项活动就持续地启迪着我，并且至今仍然魅力不减。"受到几何抽象艺术风格的熏陶，卓思乐的作品中充盈着大胆而富有创意的抽象图形和丰富的色彩。无论是抽象还是具象的表现形式，均通过丝网印刷、石版画、剪纸拼贴、手绘笔触以及线条等传统手工技艺得以实现。在其作品（图2-35）中，看似随性的泼墨笔法下，潜藏着各式演奏乐器的人物形态，生动活泼的姿态犹如史前洞穴壁画般跃然纸上，视觉双关的隐喻手法呼应了非洲音乐的节奏与韵律。卓思乐所设计的招贴作品塑造出极具辨识度且个性独特的视觉语言，而他的秘诀在于对待设计如同对待音乐一般，专注投入，保持旺盛的好奇心，顺应灵感流淌，坚信个人品位与直觉感知，坚决摒弃平庸。正是这些信念使设计超越了形式表象，创新突破了纯粹美学范畴，在那些蕴含爵士乐灵魂的音乐主题招贴设计中，我们能够深深感受到爵士乐的精神内核。

无论是客观存在的物理现象还是主观创作的声画作品，都大大扩宽了视觉形式的传播手段。根据乐理学的有关理论，声音视觉化其实是一个视听联觉的过程，在听觉器官接收到声音之后，视觉上就会形成具体的图形。对人类而言，听觉与视觉都是使用最频繁的感官，同时它们也需要处理最多的信息。

2.3　产品符号的功能

2.3.1 装饰美化的功能

黑格尔所说的"感性材料的抽象统一的外在美"，即通过色彩、形态、肌理展现的美，其构成了产品设计中自然物质材料美学的基础。

色彩会给人最直观、强烈的美感，这源自其对视觉的强大冲击力，这种冲击能激发人们丰富的经验记忆和生理联想，进而触发复杂的心理反应。鲜艳的颜色会给人带来愉悦、欢快的视觉感受；低饱和度的颜色则会给人带来成熟、稳重的视觉感受。

形态的美感根植于基本的构成元素——点、线、面，以及人们对这些元素所蕴含的意义的

生理与心理层面的解读。其中，线因活跃多变、情感丰富而成为关键元素，无论是平面还是立体形态，其所呈现的动态或静态、复杂或纯粹、稳重或轻盈、庄重或活泼等特点，均与线条的应用紧密相关。人类在实践活动和审美经验的不断积累中，通过对自然形态的模仿、概括与抽象，产生了多样化的审美联想和想象，从而形成了对不同产品造型的独特审美感受。

材料是产品设计的基石，其质感与肌理直接影响着产品的形式美。材质感与肌理美作为直观可感的要素，通过视觉和触觉作用于人，能引发不同的生理与心理反应。现代设计对材料的多元理解，催生了多样的设计观念与风格，进一步丰富了审美心理的层次。这些由材料特性引发的感官刺激，因个体差异而在人们心中产生不同强度的美感或非美感体验。

格雷夫斯设计的"鸟哨"水壶巧妙运用了色彩与功能的关系（图2-36）。水壶壶嘴上镶嵌了一枚红色鸟形塑料哨子，红色象征着热量与蒸汽，巧妙警示使用者注意高温。而蓝色手柄在为产品提供鲜明色彩对比的同时，提示使用时的安全握持点。主

图2-36 带"鸟哨"的水壶

体采用光洁的不锈钢材质，坚固耐用，而在靠近底部的位置，一排小巧的铆钉装饰打破了工业材料的冷硬，增添了一抹生动与趣味。这些工业化材料与形式，配以巧妙的仿生装饰，共同营造出水壶既有趣又不失严谨的整体风貌。

2.3.2 使用导向的功能

（1）产品功能语义的传达

产品功能语义的核心在于功能特性和实用价值的表达，是产品功能与形态的完美融合。一个卓越的产品设计，不仅要满足基本的"功能性"，更要强调"实用性"的优化。用户首次接触新品时，首先关注的往往是清晰识别其本质以及操作方式。

产品作为功能的实体化体现，其核心价值在于实用性，而产品功能语义的构建则通过指示性符号、组件布局、色彩搭配及形态设计的巧妙编排来传达。形态在此担当了连接功能与用户理解的桥梁角色。从产品的细微构造和设计细节中，用户能直观学会操作方法；材质的触感则初步透露出产品的耐用度与安全性能。接触新产品时，用户通常需要经历一个熟悉期，包括了解外观、感知质感、掌握操作方式及工作原理。通过优化产品功能语义设计，可有效加速用户对新产品的熟悉与接纳过程。

日本设计师深泽直人设计的一款手柄带有凹槽的雨伞（图2-37），是功能语义有效传达的典范。其独特设计在于手柄上的一个简单凹槽，这一细节设计允许用户在等候或站立时挂置重物，直观展现了产品的实用功能，同时保持了设计的简洁，不干扰雨伞的基本用途。

图2-37 手柄带凹槽的雨伞

（2）产品的操作导向

产品的操作导向回答的是产品如何操作的问题，设计师需要找到一种能够准确传达产品操作方式的指示符号，它可以简洁明了地在产品的操作部分建立起适合使用者操作的人机关系，以此来引导用户学会使用产品，它是产品"界面设计"的主要组成部分之一，能够引起消费者在使用方式上的共通感和情感上的共鸣。

产品设计须强调直观易懂的操作指示，以确保操作无误且无歧义。优秀的产品应具备自我阐明的能力，例如键盘按键常配备指尖凹槽，自然引导用户使用正确的按压方式；旋钮则常饰以纹理，以增强旋转时的摩擦，同时直观示意其功能。设计者应深谙用户的行为逻辑，使每个组件、按钮乃至细节都能"发声"，借由形态、色彩、构造、材质、布局等语言，清晰"讲述"其功能与操作指引，确保用户能准确无误地使用产品。

如图2-38所示的产品功能界面的按键设计，通过直观的视觉元素和符号语言，使用户无需复杂说明即可理解产品功能和操作方法。

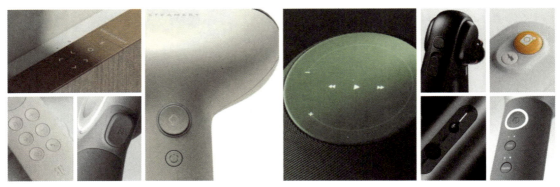

图2-38　产品功能界面的按键设计

2.3.3　人文关怀的功能

（1）文化差异的约定

生活方式在人与社会、人与环境的互动中扮演着核心角色，对设计符号的约定性产生着重要影响。文化的多样性显著地作用于产品设计的符号约定，这是一个不可忽视的因素。理解符号语言的功能性约定，如同掌握开启符号意义之门的钥匙，对于设计者而言，这不仅是满足用户生理与心理需求的关键，也是准确传达文化传承与价值观念的途径。设计者应当尊重这些约定，而使用者通过掌握这些约定关系，能更深层次地领悟产品背后的含义，并更加自信地使用产品。因此，深入理解和掌握符号语言的功能语义约定，成为设计者的一项必备技能。

（2）弱势群体的关注

产品设计的核心理念在于"以人为中心"，这一原则在设计过程中占据着不可动摇的地位，其中"用户"这一概念含义深远，既包括同一个体在不同情境下（如时空变化、情绪波动）的多元化需求，也涵盖了广泛的社会群体差异，诸如年龄跨度以及身体条件、性别角色及社会身份的多样性。从更宏观的角度划分，可将"用户"细分为人性的普遍性、人类多样性的体现及人际关系的影响三大层面。设计师在实践中必须紧密跟随人机交互的研究成果，运用恰当的设计语言与形态元素，确保设计方案在感官和情感层面均能满足用户的深层次需求。尤为重要的是，对于像老年人、儿童、病患、残障人士及孕妇这样的特殊群体，设计应当展现出额外的敏感性和周到性。这些群体特有的生理限制与心理状态，加之社会环境往往未能充分考虑其特定需求，导致他们在日常生活中常面临自主性受限的挑战，频繁依赖外界辅助以达成生活目标，因此设计的角色显得尤为关键，应通过创新手段赋能，提升其生活品质与独立性。然而，在接受援助的过程中，他们往往不得不舍弃诸多基本需求，诸如尊重、独立自主、参与社会活动及追求平等权利等。若设计工作能将这些细腻的情感考量恰当地融入产品设计之中，则此类产品定将赢得更广泛的消费者群体的喜爱，而这正是关怀性语义设计的精髓所在。

设计师Dorian Famin专为视障人士设计的电磁炉UGO（图2-39）让视障人士可以参与到厨房活动中，为视障人士提供了安全保障和指导，产品通过发出声音，让视障人士能一步一步地体验烹饪的乐趣。

图2-39　电磁炉UGO

（3）用户体验的关注

人性化设计的核心在于，产品不仅要提升生活的便利性，更要促进使用者与产品间的无缝融合，从而最大化其效能。这种设计带来的满足感，往往潜藏于日常使用的细微之处。设计既是创造的过程，也指向最终所要实现的目标。值得注意的是，设计与目标之间常存在冲突，设计师需巧妙平衡，既要追求技术的实现，也要兼顾人性的需求。优秀的产品不仅是消费的对象，更是实用性与人性化的完美结合，其终极追求是与人和谐共生，成为使用者意愿与需求的延伸。将人体工程学融入产品设计，是首先满足用户基本生理需求，继而满足其心理层面需求的典型策略。心理层面的关怀虽不易察

图2-40　柯布西耶躺椅

觉，却深刻影响着人们对产品的偏好。事实上，人与物之间的情愫，往往源于产品背后蕴含的深厚情感与设计者的人文关怀。

瑞士设计师勒·柯布西耶设计的柯布西耶躺椅（图2-40），体现了以人为本、功能至上的设计理念，通过形式与功能的和谐统一，为用户提供了极致的放松体验。该设计巧妙融合几何美学与人体工学，在舒适度与美感之间取得了巧妙的平衡，充分展示了设计的人性化与功能性，堪称几何形态与人体工程学完美结合的典范。

（4）生态环境的保护

实质上，产品设计对社会层面的关注，深刻体现了设计师对人类生活环境的深切关怀与全面考虑。在世界经济迅速发展的背景下，工业技术的广泛应用虽为人们带来了便利与舒适，但也因短视和不负责任的行为，尤其是工业材料、化学物质的滥用以及有毒气体的排放，对环境和生态平衡造成了严重破坏。当前，解决环境污染问题是全球的紧迫任务。为此，应当积极倡导适度设计、健康设计和绿色设计的原则，要求设计师重新审视和定位设计行为，这不仅是为了防止单纯追求经济效益的工业设计继续损害环境，也是为了遏制社会过度物质化的趋势，以恢复大自然的和谐与稳定，从而保障人类享有健康的生活环境。

源于日本的品牌无印良品主打的就是极简绿色设计，"无印"意为不带有多余的花纹装饰，"良品"则代表品质优良的产品，无印良品主打删繁就简的产品，倡导自然简约、质朴的设计风格。

无印良品能成为绿色设计的典范也是因为极简风格（图2-41），不管是在产品还是包装中，都省略了非必要设计，在商品上，顾客基本找不到品牌商标，在外包装袋上除了字母之

图2-41　无印良品的相关产品

外也没有多余的花纹装饰，而其包装多半是半透明或透明的塑料袋，在商品开发中，也有严格的定制要求，从颜色到款式等，都不允许超出朴质简约的范畴。

2.3.4　情感满足的功能

（1）生理情绪的满足

情绪是人判断客体是否符合自己的需要而产生的体验。情感与情绪一般不作严格区分，但一般认为情绪主要是与生理需要相联系的体验，如各种新奇的产品为我们的生活一次次创造惊喜，消费者首次见到一个新产品的第一直观感受，如愉悦、兴奋、期待等。往往第一感受是至关重要的，它决定了消费者对这个新产品的接受度和满意度，积极的情绪往往能导致人们对客体产生积极态度，消极的情绪则可能导致人们产生反感。消费者对于新产品的接受度与它给人们的直观感受有着密不可分的联系。

（2）自我价值的实现

自我价值实现的核心在于情感的依附，"情感化"产品设计借由形态、色彩、材料等视觉元素，以及音效、气味、触感等感官刺激，并融合日常生活的共鸣点，激发用户的深层情感联结。此类设计与人的社会性情感需求紧密相连，诸如责任感、自豪感、荣誉感和满足感等感受。在设计实践中，产品的逻辑性与情感性是交织共生的两个面，无法孤立存在，二者相互渗透、互为支撑。在设计过程中，通过精心策划的情感触发，能有效引导受众的情感反应与价值判断。这正是工业设计相较于纯工程设计的差异化优势所在——它赋予产品以"情感共鸣"的艺术灵魂，彰显出独特的艺术属性。呼应前述观点，产品作为社会象征符号，承载着传递情感说服力的使命，进一步强化了设计中情感化元素的不可或缺性。

菲利普·斯塔克设计的外星人榨汁机是运用感性思维设计的经典作品（图2-42），该产品精美、极富现代感的外形让它比起榨汁机更像是一个绝佳的艺术摆件和话题触发器。其设计精髓在于利用独特造型创造社交契机，促进人与人之间的连接与共鸣。在此意义上，其艺术价值与承载的社交功能显然超越了单纯的实用性。

同是由菲利普·斯塔克设计的路易幽灵椅（Louis Ghost Chair）（图2-43），正如影视作品中幽灵能够自由穿越诡异豪宅的房间一般，这款透明椅子同样

图2-42　外星人榨汁机

图2-43　路易幽灵椅

能轻松跨越不同的设计风格，无论置于何种空间，都能展现出其独特的魅力与和谐之美。这款椅子的前腿、座位和椅背都是由塑料一体化成型的，异常简洁，将造型简化到最单纯的同时又保持着典雅、高贵、洒脱的特征。这一特点和绿色设计不谋而合，即少量化、物尽其用的设计。

2.3.5　社会象征的功能

（1）时代背景的象征

在时代变迁与经济蓬勃发展的宏观背景下，每一个时代均有其独特的标志性产物，这些设计符号无声地渗透进大众心里，在观者心中构建起即时的时代联想。譬如提及唐三彩，瞬间勾勒出唐代的繁荣景象；宋朝瓷器的精妙，无言诉说着那个时代的风雅；夏朝青铜器的古朴厚重，则直接映射出中华文明的早期辉煌（图2-44）。这些设计不仅是历史的印记，更是产品设计师灵感的源泉，指引我们借鉴传统精髓，创造能够代表当代精神与审美的新符号，让未来的产品同样成为映射时代的镜子。

图2-44　唐三彩、宋朝瓷器、夏朝青铜器

（2）地域文化的象征

地域文化是在一定的地域范围内长期形成的历史遗存、文化形态、社会习俗、生活方式等。地域性特征包含自然地理环境条件（地形地貌、气候、水文环境等）和社会历史文化底蕴（人文历史、民俗习惯、价值观等）。地域文化具有民族性、区域性、独特性、多样性和稳定性（图2-45、图2-46）。

图2-45　贵州蜡染、陕北窑洞　　　　　　　　图2-46　陕西秦腔、敦煌壁画

（3）精神文明的象征

产品形态应体现出一个民族、一个时代以及一个企业的精神文化。产品形态可以给人以"经得起时间考验"的印象，从而体现出经久不衰的价值感。此外，设计师在设计过程中，将具有文化象征意义的图腾或吉祥物巧妙融入产品的局部造型或整体意象中，并将其转化为具体的产品形态要素，从而有效提升了产品的文化价值。

明式家具的设计与构造具有显著的独特性和辨识度，从视觉维度清晰地展现出与其他历史时期家具的差异。明式家具之所以能跨越时代的洗礼，至今仍备受人们喜爱，成为世界文化遗产的瑰宝，固然是基于工匠精湛的手工艺技能，然而，其造型的独特巧妙、结构中蕴含的深邃智慧，特别是那份独有的文人气息，更是不可或缺的因素。明式家具不仅实现了基本的实用功能，还如同一面镜子，映射出文人士大夫的高洁情操与精致的审美追求。其中，"官帽椅"（图2-47）作为明式家具的典范，以其简约纯粹、方正稳重的形态，让人坐之即感身形端正。文人将儒学、理学与心学的哲学思考融入家具制作中，创造了明式家具深邃的文化内核与精神风貌。

图2-47　明代官帽椅

3

产品语义的
传播途径与方式

     产品语义传播以产品为符号媒介，涉及设计师、消费者、产品存在的环境（产品符号输出渠道）、效果与反馈等多个方面，且各方面彼此关联、相互影响。产品语义的传播方式如图3-1所示。

图3-1　产品语义的传播方式

3.1 符号传播的理论模式

3.1.1 拉斯韦尔模式

1948年，美国学者哈罗德·拉斯韦尔（Harold Lasswell）在《传播在社会中的结构与功能》一文中对传播过程模式进行了探讨，提出了"5W模式"，即传播过程的5个基本构成要素：谁（who）、说了什么（says what）、通过什么渠道（in which channel）、对谁说（to whom）、取得什么效果（with what effect），即传播者、信息、传播媒介、受传者、传播效果（图3-2）。依据5W模式，拉斯韦尔进一步构建了传播学的5个研究内容：控制分析、内容分析、媒介分析、受众分析和效果分析。5W模式清晰简洁地表达了传播过程中的关键要素，为传播学的深入研究奠定了坚实基础。

5W模式也存在一些局限性。该模式是一种单向的传播模型，未涉及反馈要素，忽略了双向交流的重要性。此外，该模式对传播动机缺乏研究，而动机在某些情况下可能是理解传播过程的关键因素。

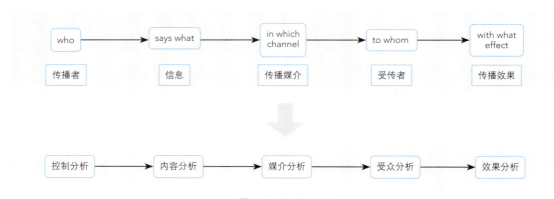

图3-2　拉斯韦尔模式

3.1.2 香农-韦弗模式

1949年美国信息论学者香农（Shannon）和韦弗（Weaver）在其出版的著作《通信的数学理论》一书中提出了解决工程技术领域问题的传播理论模式"香农-韦弗模式"（图3-3）。该模式起初是单向直线式传播过程，后来加入了反馈系统，将传播过程分为7个要素，是一个具有反馈的双向传播模式。香农-韦弗模式在整个信息传播

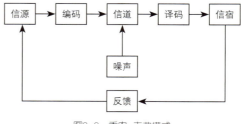

图3-3　香农-韦弗模式

链条中存在信息的耗散，导致传播过程中出现信息丢失、信息低覆盖性和不完整性等问题。由于噪声的存在，信息的传播结果具有不真实性。因此，在信息传播过程中要对传播中的内部因素和外部因素、主观因素和客观因素（传播过程中的个人、社会等环境因素和相关的心理因素等）进行综合考虑。

3.1.3 施拉姆模式

1954年，传播学家威尔伯·施拉姆（Wilbur Lang Schramm）提出了施拉姆模式（图3-4）。与拉斯韦尔的单向传播模式不同，施拉姆模式强调了传播与反馈的双向互动性。在该模式的传播过程中，传播者和接收者都是积极的主体，接收者不仅接收信息、理解信息，还

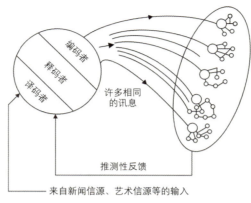

"大众受众"——许多接收者，各自进行译码、释码和编码——各个接收者从属于某一群体，在此群体内对讯息进行再解释，并经常据此行动

图3-4 施拉姆模式

会对传播信息做出反馈，形成完整的双向互动过程。施拉姆模式的核心是媒介组织，它不仅是信息的传播者，还涵盖了信息的编码、解码和反馈。施拉姆模式强调只有在共同的经验范围之内，传受双方才能共享信息，达到真正的交流。施拉姆模式将大众传播看作社会整体的有机组成部分，标志着从单向传播模式向双向互动模式的转变。

3.2　产品语义的编码与解码

20世纪70年代，牙买加裔学者斯图亚特·霍尔提出编码-解码理论，他认为"意义生产依靠于诠释的实践，而诠释又靠我们积极使用符码-编码，并将事物编入符码，以及靠另一端的人们对意义进行翻译或解码来维持"。他根据马克思主义政治经济学理论中的生产、流通、使用以及再生产四个阶段，提出了话语流通的三阶段理论，认为话语意义的生产和传播可以分为三个阶段："意义"的生产阶段、"成品"阶段、"解码"阶段。美国传播学家约翰·费斯克在《过程与符号》中举例说："每一种服饰都构成一个词汇域，如领带、衬衣、西服、西裤、短袜。早晨出门前的穿衣过程就是一个编制信息的过程。我们从每一种词汇域中选择基本单位，然后将它与其他单位组合，形成一个特定的陈述。这个陈述使用了一种展示性的标志代码，表达出一种意义。"

3.2.1 编码

编码过程是一个信文的构成过程，发信人将要传达的信息根据一定的编码规则通过有指意功能的符号表达出来。产品的设计编码可用于描述产品的各种属性和特征，帮助用户更好地理解和使用产品。在产品设计编码过程中，设计师从界定要传达的信息出发，通过构建能够被用户直接感知的产品符号系统，将抽象的产品属性信息转化为能够被用户感知与认知的产品符号。

（1）编码在产品设计中的原则

在产品设计中，编码的原则旨在确保产品语义的有效组织、易于理解和维护，同时也需要支持产品的扩展和升级。

①**信息传达的准确性**：编码应准确传达产品的功能和属性信息，应避免使用模棱两可或含糊不清的语义。在进行语义编码时，设计师需要明确每个编码的具体含义和用途，以确保其准确性和一致性。

②**信息解读的便捷性**：编码应易于用户理解和记忆，应使用直观、简洁且符合用户习惯的语义标签。设计师需要考虑不同用户的知识背景、文化背景、语言习惯和认知水平，确保编码具有广泛的适用性和可接受性。

③**语义文化的适应性**：在不同的文化和地区，人们对产品语义有着不同的理解和期望。因此，设计师需要考虑目标市场的文化习俗、社会背景、地理环境等因素，以确保产品语义编码的有效性和适用性。例如OK手势（拇指和食指圈成环状）在美国和欧洲大部分地区表示同意或一切顺利，但在巴西却是粗鲁的手势，在中东部分地区甚至被认为是侮辱性的。因此，如果一个产品包装或用户界面使用这个手势作为正面反馈的图标，可能会在某些市场造成误解。同时，在全球市场中，不同文化背景的用户可能会对同一编码有不同的解读，因此，设计师需要考虑到不同地区的文化习惯和习俗，确保编码的普适性和准确性。如Nike Air Max系列运动鞋在设计中融合了全球流行的运动时尚趋势，同时也会推出具有地域特色的限定版，如以某国国旗颜色为灵感的配色方案，既维持了品牌的全球普适性，又向特定文化致敬，增强了产品的地域亲和力。

④**产品情感的连接性**：语义编码还可以用于建立用户与产品之间的情感连接。设计师可以通过选择符合品牌形象和用户偏好的形态、色彩、材料、图像和声音等元素，给产品赋予特殊的含义，使其传达出特定的情感和价值观。

⑤**审美价值的传达性**：设计编码不仅应聚焦于实现产品的功能性和实用性，还应塑造产品的造型风格，向用户传达一种特定的审美观和品牌价值观，进一步丰富产品的内涵，提升用户对产品的满意度，增强用户对品牌的忠诚度。

⑥**设计编码的扩展性**：编码系统应具有一定的可扩展性，以适应未来产品线的扩展或新产品的引入。当产品发生变更或需要添加新功能时，应能够方便地修改或扩展编码系统。

（2）编码在产品设计中的体现

编码在产品语义设计中的应用广泛而深入，即将抽象的概念、功能需求、用户期望等转化为具体、可感知的设计元素和交互方式。这一过程广泛应用于产品设计的不同维度，如二维平面、三维立体和虚拟交互领域等，其核心目的是提升产品的可用性、吸引力和市场竞争力。

①**二维平面设计领域**。在二维平面设计领域，编码技术常常被用于图像处理和信息提取中。对于常见的视觉元素，设计师通过编码色彩、形状、纹理、图标，将它们转化为传达特定信息和情感的语言。例如：色彩不仅能吸引用户的注意力，还能唤起特定的情绪反应（如蓝色传达宁静，红色激发活力）；形状和纹理能够暗示产品的质感和功能特性；符号图标的编码则可以确保产品的直观性、通用性，能够跨越文化和语言的障碍，使全球用户都能正确理解其背后的含义和功能。

在二维平面设计中，合理安排信息的层次结构是关键，二维平面中的布局设计影响着用户的阅读顺序和操作流程。编码布局，意味着设计师要合理安排元素的位置，确保用户能够自然地跟随视觉流向，找到所需的信息或功能。在数字产品设计中，导航系统的编码尤为重要，它能帮助用户理解如何在不同页面或功能间穿梭。通过层次结构的编码，设计师可以帮助用户理解哪些信息最重要，学会如何快速浏览和获取关键内容，提升信息传递的效率。

编码在产品设计的二维平面维度中涉及UI界面、使用引导、用户体验、品牌传达等多个方面，旨在确保设计作品能够有效、清晰、充满情感地与用户沟通。

以蒂芙尼（Tiffany）包装设计为例：

蒂芙尼作为一款有着上百年历史的美国奢侈品牌，其包装色彩、品牌标识是包装设计领域中编码应用的经典案例，它对品牌形象塑造、品牌声誉提升具有重要作用。

蒂芙尼蓝色包装盒以其独特的浅蓝色调而著称，成为了品牌的标志性特征（图3-5）。这种独特的颜色在包装上形成了独具魅力的视觉标识，使得它在众多产品中脱颖而出，吸引消费者的目光。消费者将这种特殊的颜色与蒂芙尼作为奢侈珠宝品牌的声

图3-5 蒂芙尼包装盒设计

誉联系在一起，感受着蒂芙尼高贵、独特、奢华的品牌价值。同时，包装盒的外观设计精美，常常伴随着优雅的装饰和品牌标志，给人一种高端、典雅的印象，这也进一步加强了消费者对产品的期待和对品牌的认同感。

②**三维立体设计领域**。在三维立体设计领域，编码技术同样发挥着重要作用。它不仅关注形态、结构、材质等物理属性，还深入到用户体验、情感交流、环境适应等层面。设计师需要借助产品的尺寸、比例、形状、空间布局等元素传达产品的功能、稳定性、操作方式以及品牌特色。例如，通过流线型设计表达速度与动感，或是利用模块化结构展现产品的灵活性和可扩展性。在三维立体设计中，人机交互中的编码设计涉及的互动相较于二维平面则显得更为丰富，要使产品可以通过形态、操作界面、反馈机制等与用户进行有效的互动，这需要设计师考虑用户的生理特征、使用习惯、心理预期，确保产品在操作上直观易懂、触感舒适、反馈及时，从而提升用户的使用体验。

三维设计同样承载着情感和文化价值的传达。设计师需要编码文化符号、色彩象征、形态语言等元素，使产品设计能够触动用户的情感，反映特定的文化认同，或是在全球市场中具备跨文化的吸引力。产品设计需考虑产品在特定环境中的角色和表现，以及如何与周围环境和谐共存，或是如何在特定条件下发挥最佳效能。例如，户外产品需考虑防水、耐候性，而室内产品则可能注重与室内装饰风格的协调性。

在产品设计的三维立体维度中，编码是一个综合性的过程，它旨在将设计师的理念、产品的功能性与用户的需求、情感以及环境因素等多维度信息相融合，创造出既实用又具有深度内涵的产品。

▲ **以瑞士军刀（Swiss Army Knife）设计为例：**

瑞士军刀是一种源自瑞士的多功能折叠刀具（图3-6），其以设计精巧、功能多样而闻名于世，是多功能性与实用性结合的代表。

瑞士军刀通常包含主刀、小刀、剪刀、开罐器、螺丝刀、镊子等多种工具，在三维立体设计中，瑞士军刀通过其独特的折叠机制，提升了空间利用的效率，将这些工具集成在一个小巧的刀

图3-6 瑞士军刀设计

身内，通过精心设计的机械结构实现折叠收纳。设计师必须精确计算每个工具的尺寸，以及它们折叠时的相对位置，确保在最小体积内实现最大功能。这种形态与结构的编码，不仅满足了功能需求，还兼顾了携带的便利性。多功能的设计使得瑞士军刀成为一种具有象征意义的工具，代表着品质、可靠性和创新性。同时，其结构空间的优化代表着瑞士工匠对品质的追求和对创新的执着。通过拥有和使用瑞士军刀，消费者能够感受到品牌的精神力量，并增强对品牌的信任和忠诚度。瑞士军刀是一个典型的编码实践，它将复杂的功能需求、空间利用、人体工程学、材质选择和文化象征等多方面因素进行综合考虑，最终在三维立体维度中实现了高度的创新与实用设计。

③**虚拟交互设计领域。** 在虚拟交互设计领域，编码技术的应用更是至关重要。编码可以帮助开发者创建沉浸式的交互环境。通过高级的**3D**图形编码、物理引擎编码以及实时渲染技术，设计师能够创造出逼真的视觉效果和自然的交互反馈，如触觉反馈编码可以让用户在虚拟环境中感受到物体的质感和重量。虚拟交互设计依赖于复杂的编程逻辑来响应用户的动作，如头部转动、手势识别或语音命令。这要求开发者使用诸如**C#**、**JavaScript**、**Python**等编程语言编写代码，实现精确的输入输出控制，确保用户能够无缝与虚拟世界互动。编码技术可以辅助实现用户行为数据的收集和分析，考虑如何根据用户的行为、偏好或情绪状态来动态调整虚拟环境或交互内容，进而驱动个性化的内容呈现。通过机器学习算法和数据编码，虚拟环境能够根据用户的偏好，动态调整场景内容，提供定制化的交互体验。同时，虚拟交互还需更加注重隐私保护、用户数据安全，防止虚拟环境中的骚扰或欺凌等伦理问题的发生。

在虚拟交互中，编码可以借助多种感官体验如视觉、听觉，甚至触觉反馈来模拟真实世界或创造超越现实的体验，包括使用高分辨率图像、立体声效、触觉反馈装置（如振动反馈手套、触感衣）等，以增强用户的沉浸感和真实感。在行为交互中，编码通过手势识别、眼球追踪、语音命令等自然交互方式，替代传统的鼠标和键盘操作，使用户能够更直观地与虚拟环境互动。同时，空间布局对于虚拟交互中的用户导航也显得尤为重要，涉及虚拟环境的层次结构、路径规划、标记与指示系统的设计。

编码在虚拟交互设计中的应用，是将复杂的技术、心理学原理、用户体验设计原则等融合在一起，创造出既符合人体工学又富有创意的虚拟体验，使用户能够在虚拟世界中自然、愉悦地进行交互。

▲ **以苹果 Vision Pro 为例：**

苹果公司创新研发的**Vision Pro**（图3-7）是一款集**AR**（增强现实）与**VR**（虚拟现实）技术于一体的混合现实装置，它巧妙地将虚拟内容融入现实场景之中，让用户既能沉浸在游戏、观影及办公环境中，享受传统**VR**体验的深度浸润，又能凭借头显装载的高灵敏传感器，捕捉现实世

图3-7　Vision Pro

界的元素并将其投影至虚拟层面，实现增强现实的互动。这一划时代产品的诞生，标志着苹果在VR/AR领域开启了一个崭新的篇章，它不仅革新了人机交互界面，还在硬件配置、操作系统、生态系统构建，乃至用户数据隐私保护等方面设立了全新的行业标杆，全方位引领了头戴设备标准的重塑进程。

Vision Pro作为高科技可穿戴设备，集成了多种传感器（如深度传感器、眼球追踪、头部追踪等），编码在这里的作用是编写底层驱动程序，将编写的固定代码转化为可用的交互信息，确保这些传感器的数据能够准确、高效地被采集并处理。为了在Vision Pro上创造沉浸式的增强现实或虚拟现实体验，开发者借助相关游戏引擎，编写代码来渲染3D图形，实现实时环境映射、物体识别与跟踪。这涉及复杂的3D图形编码、物理引擎编码以及优化的实时渲染算法，确保虚拟内容与现实世界的无缝融合。在Vision Pro中，编码技术用于设计直观的用户界面和交互逻辑，实现了基于手势、眼神、语音等多种自然交互方式的编码。例如，通过编码实现的手势识别系统，能够理解用户的肢体语言，使用户能通过手势操作虚拟界面，从而增强沉浸感。编码还用于收集和分析用户在使用Vision Pro过程中的行为数据，通过分析用户的偏好、使用习惯，进而为用户推送个性化内容或调整应用功能，提供定制化体验。鉴于增强现实设备可能涉及大量敏感数据，编码还用于实施严格的安全措施，如加密通信、数据保护策略，以及用户身份验证机制，以确保用户数据的安全与隐私。

在产品设计领域，设计师引领、指导并塑造产品发展方向。通过了解用户的认知、心理、习惯、社会和文化共性，以确保最终产品符合用户的体验需求和预期，通过运用隐喻、比喻等手法，根据已有的经验和知识，从界定要传达的信息出发，结合可以被用户直接感知的产品要素，塑造反映设计师主观意愿的符号载体，对视觉符号进行编码，并将其融入产品设计中，抽象、集中地表现设计师所要传达的信息，从信息发送端将源信息转换为可以发送的信息。在编码阶段，占主导地位的是设计师的主观意识形态，包含了设计师的预设偏好，嵌入了设计师丰富的潜在意识信息。

3.2.2 解码

解码过程是收信人对信文的信息重建过程，是与编码过程相对应的环节，收信人根据符号规则将接收到的可感知的信文进行解码，基于一定的编码规则和先验知识经验，实现信息的还原。用户对产品的感受，就是解码的过程。

用户具有主观能动性，对于产品语义的理解不是对外部客观信息的被动反映，而是接收者通过新旧间的经验互动主动建构信息的过程。接收者通过视觉观察符号载体（包括形状、色彩、结构、材质、纹理、使用情景和操作方式等），迅速在大脑的信息库中进行搜索，根据一定历史、社会、文化背景，在特定情境下对符号进行描绘和表现，结合过往记忆中事物、现象及其之间的相关性，通过联想实现对意义的理解，寻找丰富的情感和文化共鸣。

每个用户的文化特征和个人经历不同，理解会存在偏差，为实现理解，设计师和用户需要共享一部分信息储备，文化的共享性建立在语言或符号能够相通的基础上，产品语义的传播是将其个人的经验范围具体化为符号储备的范围，发送者与接收者两人的符号储备要具有重叠部分，这个重叠的交集是双方在社会背景、文化程度、爱好习惯等方面的符号共通之处，这时才能有效地传递信息。因此编码者在编码过程中应从解码者的角度出发。由于发送者与接收者在地域文化等方面存在一定的差异，因此其对于符号的解码不会是唯一的结果，会产生部分解码、错误解码的现象。

（1）解码的不同情形

在产品设计的信息交流过程中，用户承担着产品语义解码的重要角色，对于产品语义的解码可归纳为三类情形：部分解码、错误解码及完全解码。这三种解码状况在产品的外观造型与使用功能上各有体现，它们不仅可能独立出现于不同设计或用户反馈中，还常常相互交织或在不同产品特性上并存。

①**完全解码**。完全解码发生在设计者的信息传递与用户的理解完全一致的情况下，即用户能够准确理解设计者的意图，信息传递实现了完全的信息同构。这意味着设计师的意图与用户的理解完全一致，产品设计的所有细节都被用户正确解读，从而促进了高效的用户交互和情感体验。在这种情况下，信息的编码和解码过程都非常清晰和明确，用户能够准确地接收并理解信息，当然，这只是一种理想状态。在产品设计中，解码的状态受条件的限制，如时间、地域和用户本身的年龄、语言集合等，且同一用户对于同一款产品的解码状态是不断变化的，例如在用户对产品的挑选、购买和使用过程中，解码状态各不相同。设计师所设计的产品可能无法被消费者完全理解，随时都可能出现部分解码或错误解码的情况。因此，要让用户完全解码产品语义，设计师需要在产品设计中做到以下几点。

功能认知完整：设计应该直观明了，让用户不仅能识别产品的主要功能，还能深入了解和有效使用所有设计的功能，包括那些隐藏或高级的功能，没有误解或遗漏。

设计情感共鸣：设计时应该深入理解目标用户群体的需求、习惯和心理模型。设计中的情感和品牌信息要被用户深刻感知，形成强烈的情感链接，用户才能够体验到设计师试图传达的每一个细微情感和品牌故事。

产品交互流畅：设计时应该考虑到产品使用方法的有效传达，使用户能够自然地与产品互动，无需额外学习或指导，应使所有交互设计的逻辑和流程都能被用户轻松掌握，以提升其使用效率和满意度。

文化语义一致：在全球化市场中，设计应考虑文化差异，设计元素和信息传达应与用户的文化背景和生活经验相匹配，避免产生任何可能的文化误解，确保信息的准确接收。

②**部分解码**。部分解码，指的是用户虽然能够理解产品设计的某些方面或主要信息，但未能全面且深入地把握设计的所有意图、功能或美学理念。这种情况通常发生在产品设计中某些元素或信息传达得不够清晰、直接，或是用户受到自身认知的局限、经验背景与设计师意图之

间存在偏差时。在产品设计中，导致部分解码的因素有以下几点。

功能理解不全：如果产品设计过于抽象或复杂，用户可能难以迅速、准确地获取所有信息。这样就会导致用户可能能够识别产品的主要功能，但对于一些高级功能或隐藏特性缺乏了解，从而未能充分利用产品。

信息接收有限：用户可能理解产品的基本用途，但未能深刻体会到设计师试图传达的品牌价值观、情感寓意或设计理念，影响了品牌忠诚度的建立。

交互认知不足：设计中给出的提示（如图标、标签、使用引导）如果不够明确或容易混淆，也会阻碍用户对产品的理解。这样会导致用户可能知道如何进行操作，但对更高效或便捷的交互方式不甚明了，影响其使用体验。

文化语境差异：用户的教育背景、生活经验和文化习俗等都可能影响其解码能力，特别是对于那些需要特定知识才能理解的设计元素。同时，设计中的某些符号、颜色或形态可能在不同文化背景下有不同含义，这也会导致用户不能准确解读设计的全部语义。

③**错误解码**。错误解码是指用户对产品设计的信息产生了误解，在这种情况下，用户的理解与设计师的原意相悖，这会导致用户使用不当、体验不佳，甚至对品牌形象造成负面影响。正常情况下，设计师运用共同的传播代码向用户传达信息，用户的解码会比较接近设计师的编码，但如果这一信息被一个传播代码不同的异文化成员所解读，必定产生"偏差性解码"歧义。错误解码的产生也可能是由于设计上的误导，如图标含义不明确，或是用户基于以往经验产生的先入为主的观念。导致错误解码的主要因素有以下几点。

设计模糊：设计元素的表达过于抽象或不明确，缺乏直接的指引，使用户难以准确理解其意义，即用户可能错误地操作产品。例如将某个按钮误认为是开启功能，而实际上是关闭功能，导致无法正常使用或引发其他问题。

文化差异：设计师未充分考虑全球用户的文化背景，使用了在某些文化中具有不同含义的符号或语言，导致信息被用户误解。

用户的主观介入：用户的先验知识、习惯或对类似产品的预期可能与当前产品设计不符，导致基于经验的错误解码。如产品界面或物理操作逻辑不清晰时，用户会按照直觉或行为习惯操作，从而导致错误出现。

技术不足：产品采用的先进技术或界面对于部分用户来说可能过于复杂，技术说明不充分，同样也会增加错误解码的可能性。

（2）解码的过程

产品符号的解读是一个复杂而多层次的过程。加达默尔的诠释学理论提供了一个有力的框架，帮助我们理解这一过程。在信息传达中，用户通常会经历三个关键过程：感知符号、阐释含义和理解意义（图3-8）。

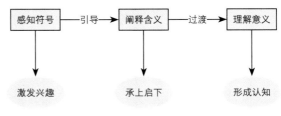

图3-8 解码的过程

①**感知符号**。感知符号是信息传达的初始步骤，是用户主动感知设计元素的过程。通过视觉、听觉、触觉等感官，用户察觉并理解产品或设计的各种元素，即形态、色彩、材料、图像和声音。

这一步骤引导用户对产品进行更深层次的了解，他们所感知到的符号不仅是设计语言的组成部分，更是用户与产品之间建立联系的纽带，激发了用户对设计的主动兴趣。在这个起点上，用户开始构建对产品的初步印象，并为后续的阐释和理解奠定基础。

②**阐释含义**。阐释含义是信息传达的中间步骤，是用户试图解释或诠释符号含义的过程。这一过程涉及用户将所感知的符号与他们既有的知识、经验和文化背景相联系，以便理解这些符号可能蕴含的意义。

阐释含义就是将符号置于特定的文化和上下文中。这一过程不仅仅是对符号的简单解读，更是一种与用户自身经验和背景互动的认知活动。通过阐释含义，用户逐渐构建起对符号的初步理解，为后续深层次的理解意义提供了关键性的中间步骤。

③**理解意义**。理解意义是信息传达的最终步骤，即为用户选择并建立对符号的最终理解，并将其置于特定的上下文中。这一步骤不仅包括对符号的简单理解，还包括对符号的情感反应、认知评价以及其所具备的关联性。

理解意义是用户对产品信息最终认知和情感反应的过程。在这一阶段，用户不仅仅停留在理解符号的表面含义，还通过与个人情感和认知的关联，赋予符号更为个性化和深刻的内涵。这种个性化的理解不仅影响用户在特定情境中运用符号的方式，而且为产品或设计的长期传播和体验奠定了坚实的基础。

产品设计中的感知、阐释和理解步骤至关重要。设计师应创造能够吸引用户注意、引导其正确理解和最终接受产品意义的符号。产品的外观、标志和用户界面在其中扮演着关键角色，直接影响用户的购买决策和产品体验。这三个步骤共同构成了符号理解的过程，在产品设计和品牌传达中至关重要。因此，设计者须充分考虑用户在每个步骤中的感知、阐释和理解，确保产品符号能够产生预期的情感和认知效应。在产品设计中，每个步骤都须仔细斟酌，以确保用户能够准确理解和感知产品的意义和价值。

3.3 产品语义的传播价值

产品在融入符号系统后，其作为社会物质交往的媒介，通过传播功能，在社会生活中衍生出超越本身价值的影响。在社会心理结构塑造、社会秩序具象呈现以及社会观念实体化的过程中，这些产品扮演着潜在的关键中介角色。

3.3.1 物化与外显——社会秩序的物化外显

人的需求引导产品功能的设定，进而决定了产品的构造与基础形态。而当产品嵌入日常生活场景时，其物理属性和工具特性反过来对人的行为产生规范作用，塑造了人与物之间的互动关系。具体来说，诸如筷子与刀叉这类产品设计就深刻地影响了用餐行为模式，并进一步象征性地代表着两种不同的饮食文化传统。设计者在构思产品时，通过精心安排结构、材料选择、工艺技术、造型美学、色彩搭配及装饰细节等元素，创造出隐喻、象征意义以及叙事性的表达方式，从而使产品在日常生活中能够实现有效的使用者交互和人机交流。产品在社会化的进程里，借助视觉符号所承载的意义生成机制，介入人们的生活实践，并在社会物质交往中发挥有效的作用，正如西莉亚·卢瑞所强调的："以物作为媒介是人们建立各种社会关系的一种重要方式。"

产品的工具属性是驱动社会物质交往的初始动力，而社会分工则构成了这一交往的根本缘由。然而，随着社会复杂度的提升和技术生产力的发展，社会物质交往的动力来源日益多元，工具性逐渐不再是交往活动的唯一条件。此时，产品语义及其传播价值，愈发成为交往行为的重要驱动力。马克·波斯特的见解阐明了这一点："信息保存和传输的每一种方法，都深深地交织在构成一个社会的各种关系的网络中。"产品在此过程中，通过物质交往传递和积淀社会观念，丰富自身的内涵，并形成一套社会价值参照体系，该体系既构建了社会秩序框架，又使产品成为个体身份认同、地位象征、审美趣味等价值观的实物载体。正是产品设计中的符号智慧赋予了产品额外的价值增值，这种附加值实质上反映了深层的社会文化和观念底蕴。同时，产品设计和生产亦会受到当前社会观念的影响，主动承担起反映和传达社会观念的责任。设计师通过赋予产品意义，并借助产品对生活方式的规定性和在社会物质交往中的结构性作用，间接地塑造并体现社会秩序的脉络。在人类社会演进的过程中，人造物品已然成为确立社会秩序不可或缺的实体标志。现代设计实践中，特别是在现代主义之后的设计潮流中，设计理念和观念层面的考量显得更为突出。

3.3.2 场域——审美、时尚与情感说服

艺术进入现代主义阶段以后，其发展催生了众多新颖的形式与流派，这标志着艺术与日常物品之间的界限日益模糊。传统意义上"美术"固有的审美功能逐渐弱化，转而被艺术创作中的观念表达诉求取代，即从关注形式美学转向强调观念内容的传达。现代设计在此背景下，主动承担起在社会中普及和引导审美教育的角色。具体到造型艺术领域，不再仅仅是传统的美术作品塑造人们的审美观，产品设计也成为改变审美观念的重要力量。相较于过去局限于艺术家及精英阶层的审美实践和审美教育活动，当代大众文化，尤其是产品设计，推动了日常生活中的广泛审美化趋势。这些面向大众的设计对象，如各类产品设计，不仅深刻影响着大众的审美倾向与品位，而且往往积极迎合并满足大众的审美需求。

德国美学家韦尔施甚至认为，今天的消费者去商场购物，"实际上不在乎获得产品，而是通过购买行为使自己进入某种审美的生活方式"。大众真正成为审美创造的隐性主体。产品设计之所以能在审美教育与流行风尚推广上发挥显著作用，关键在于产品的工具性特质决定了其物质形态特征的不可替代性。尽管产品的形式元素组合具有无限可能性，但其基本的结构决定性特征无法消除。设计师运用材料选择、工艺技术、色彩搭配以及图案设计等手段，既赋予产品深层次的内涵与理念，又创造出反映时代精神和各具风格的审美样式。正如诺曼所阐述的观点，一款令人喜爱的产品实际上是一种象征符号，它能够引发人们的情感共鸣，例如构建积极的心理状态、唤醒美好的记忆、体现个人身份认同，甚至可以满足个体的展示欲求等多种心理和社会需求。

3.3.3 固化与矫正——产品的价值固化和价值矫正

符号作为人类理解和改造现实世界的创造性成果，其起源往往与外在客观存在的事物有着深刻的对应关系。当人们运用符号构建起内在的认知模型时，这些符号才得以在心智活动和认

知过程中实现逻辑自洽。人类正是通过这样一个内化的、一致的符号系统去进一步认识世界并施加改造作用。人工制品作为原生客观实在与符号互动的产物，在这一过程中不断生成新的符号表达，并将这些符号纳入了人类的符号世界体系，这一过程既是深化对世界的理解，又是对世界的一种重构。同时，人工制品作为中介工具，在与外部客观环境相互作用的过程中衍生出种种关联性知识，这些实践性知识持续地被吸纳进符号世界，拓展了其内涵。此外，人工制品在社会生活中因其客观实在所引发的各种规范性效应，也被视为新的知识资源充实到符号世界之中。同样，随着社会实践活动的发展，人们赋予人工造物的价值观念更新迭代，这些新的价值认知同样会成为扩展符号世界的重要内容。从集体的角度来看，借助人类不断提升的符号化能力而形成的结构化产品信息，已经成为群体深入认识世界的关键载体之一。"从某种意义上说，人是在不断地与自身打交道，而不是在应付事物本身。他是如此使自己被包围在语言的形式、艺术的想象、神话的符号以及宗教的仪式之中，以致除非凭借这些人为媒介物的中介，否则他就不可能看见或认识任何东西。"

设计师在产品设计的实践过程中，将社会观念、审美内涵和文化价值体系等无形元素巧妙地物化到具体的产品形态之中。这些被赋予多重意义的产品，作为承载符号信息的实体，在日常的社会生活与生产实践中扮演着知识创造者的角色，通过人们的交互使用及不断的实践经验积累，衍生出多样化的知识内容，从而助力人们更全面且深入地认知世界。而产品设计的艺术性元素也不容忽视，它犹如罗伯特·休斯所强调的那样，"艺术之所以存在，就是为了帮助我们重新感受生活"。

在现代社会，产品设计是构建人工制品的核心源泉，也是创造活动的前置关键环节。人们在探索和改造世界的过程中积累的知识体系，涵盖了材料科学、工艺技术、结构原理乃至精神文明层面的成果，这些知识通过精心设计的产品制造过程融入人类生活场景。因此，在这一层面上，设计及其所关联的设计造物可视作社会文明进程的一种实体体现，即社会认知与群体心理结构的实体化表现，也是人们对包括自然环境、社会结构及精神领域在内的外部世界的认识和理解的外在展现方式，它植根并活跃于社会实践之中。

设计造物已融入人们的生活中，它不仅作为实用工具而存在，也是情感投射的载体，并逐渐积淀为个体乃至群体的生活记忆，从而成为社会心理结构中不可或缺且无法替代的符号（法则）。海德堡大学教授扬·阿斯曼认为"日常生活记忆"属于"沟通记忆"，"生存于个体和群体回忆过去事物的互动实践中，系于活着的经验承载者和交流者们的存在"。产品设计通过产品的物质实在性所产生的规定性矫正人的行为及观念。

4

产品语义的表达层次、语境与修辞方法

4.1 产品语义的表达层次

产品语义表达是产品符号形式所表现出来的全部内容，也是用户对产品符号进行解读的结果。用户从产品符号中获取的相关信息包含两个层面：第一个层面是产品的功能、操作、工作状态等含义，即外在的、具体的、外延性的含义；第二个层面是用户对产品的喜好，以及产品所引发的个人情感与联想，即内在的、抽象的、内涵性的含义。因此，产品语义的层次也可分为两个层次：外延性语义、内涵性语义。

4.1.1 产品的外延性语义

外延性语义是符号与指称事物间的一种直接的、特定的、显在的关系，这种关系具有客观性和相对稳定性。产品外延性语义通过造型符号直接说明产品内容，即产品的功能、结构、操作等功能特征。从语义表达层次的角度，外延性语义是一种浅层的、直接的语义表达，是产品存在的基础，也是产品更高层次意义表达的前提。产品外延性语义注重的是实用主义，其根本目的在于以产品造型为手段，通过形态、色彩、材质等造型符号间的有机联系，使用户迅速理解"这是什么产品""用来做什么""如何使用"等问题。

（1）阐明自我的功能

产品在与消费者初次接触时应首先向消费者表明自己的身份，也就是解决"这是什么产品"这个问题。每一类产品在其自身的发展过程中都会形成较为统一的造型特征，而这些特征与功能结构、技术水平、审美观念等因素息息相关。例如：液晶电视的造型大多以矩形作为形态基础，造型趋向扁平

图4-1 小米电视及其背面、底面的按键和接口

化、薄型化，主功能面以显示屏为主，其他功能操作键分布在机身的侧面或底面（图4-1）。这些特征已成为类别产品造型的典型符号，是消费者进行产品识别的主要依据，设计师应准确把握这些特征。

随着信息技术的迅猛发展，产品造型趋同化现象越来越明显，尤其是电子类产品的造型差异化越来越小，消费者往往无法通过极简的几何化外观来感知其功能与操作。因此，设计师需要创造新的组合法则，提炼新的造型识别特征，帮助消费者去认知和理解信息时代背景下不同类型产品的造型文法。对于新的造型识别特征的构建，设计师还需要了解产品在机械时代的造型特征符号，恰当地将这些造型特征符号融入设计中，或借助与该产品紧密相关的其他产品造型的特征，为消费者创造既陌生又熟悉的产品感觉。陌生感能够让用户对新产品产生好奇心，熟悉感不会让用户因为陌生而感到手足无措，帮助用户进一步完成产品的自主认知。

在新能源汽车领域，特斯拉Model X的设计堪称信息时代产品创新的典范。设计师在创造新的组合法则时，摒弃了传统燃油汽车的进气格栅设计，采用了全封闭式前脸，突显其电动驱动的身份特征。同时，流畅而低矮的车身线条以及鸥翼式车门设计，展现了极具未来感和科技感的新一代汽车造型文法。为了提炼新的造型识别特征，特斯拉将品牌元素巧妙融入设计中，如

独特的T型logo、简洁的内饰布局，尤其是横贯整个中控部分的大尺寸触控屏幕，不仅体现了对机械时代汽车操控方式的革新，而且为消费者提供了与智能手机类似的直观交互体验。在构建陌生又熟悉的产品感觉方面，特斯拉Model X表现优异，它虽具有极强的现代科技感，但在一些细节上依然保留了人们对传统豪华轿车的基础认知，例如宽敞舒适的内部空间、精细的工艺材质以及符合人体工程学的座椅设计等。这种设计策略使得消费者在面对电动汽车这一新型出行工具时，既能感受到创新带来的惊喜和探索欲望，又能轻松适应并享受驾驶的乐趣（图4-2）。

图4-2　Model X

（2）指明操作的功能

产品符号应能够引导消费者完成正确的产品操作流程。因此，设计师要充分了解不同形态的符号与产品行动特征之间的联系。例如：圆柱形的旋钮能够让用户将其与旋转这个动作相联系；圆形且表面微凸的按键会让人联想到按压的动作；一块平面会让人联想到放置物品；轮子的形状会让人联想到滚动等。产品行动特征是用户对形状含义的认知与生活经验积累相匹配的结果，设计师应熟知并恰当地利用产品行动特征，使用户不需要接受额外的指导与训练就能顺利完成产品操作。

人们对日常生活中常用物品的形态、结构、功能、使用目的都有很好的了解，并已将这种认知纳入个人行为习惯中，不需要做过多的思考与判断，只需按照个人直觉就能顺利完成产品操作。例如，当人们看到灯绳时，其习惯动作是拉动灯绳。因为生活中灯绳是点亮灯泡的开关，如果将灯绳的功能性特征植入新产品，人们会凭借对灯绳的认知和经验去完成新产品的操作。正如无印良品的壁挂式播放器，采用类似灯绳的装置作为产品的开关（图4-3）。产品设计应符合使用者的认知和行为习惯，并充分调动使用者的感官感受，让使用者依靠个人直觉与经验就能够顺利完成产品操作。

图4-3　壁挂式播放器

产品造型设计应能够表达方向含义和位置含义。例如打印机的入纸口与出纸口的上下位置关系，微波炉控制面板上旋钮的旋转方向（图4-4）。

智能化电子产品的操作主要依赖于屏幕，产品交互界面符号设计既要符合用户的心理和生理特征，还要符合用户的交互经验（图4-5）。随着人工智能技术的普及，用户的感官感知已成为产品设计的重要研究内容，设计师要充分了解人类感官知觉系统在产品认知与操作等方面的特点，为用户创造更便捷、更舒适的使用体验。

图4-4 惠普打印机和松下微波炉

图4-5 手机的交互体验

（3）显示状态的功能

产品造型符号要能够显示产品的各种状态，让使用者及时了解产品的运行状况。例如：用什么来表示笔记本的睡眠状态、关机状态？手机电量、信号强弱如何显示？智能数码产品的造型语言越来越趋于极简化，使用者很难单从产品的外观形态直接感知其内部的功能运作与操作流程。人的感官是人与外界沟通交流最直接、最有效、最深刻的方式，感官感知符号不仅能够有效地将信息传递给用户，还能为用户提供更好的体验（图4-6）。

在用户操作产品的过程中，产品既要对用户的正确操作给出反馈，还要对错误操作做出提醒。操作反馈是确保使用者顺利完成产品操作的重要条件。设计师常常会把更多的精力放在如何引导用户进行正确操作上，而不够重视对错误操作的预防与反馈。在产品运行中，错误操作所造成的后果是十分严重的。除了可通过产品内部结构设计来限制和阻止错误操作的发生，设计师还可利用图像、声音、色彩、灯光等符号对错误操作进行提醒，让用户及时了解产品的运行状态，并能够对已经出现的错误操作进行纠正。

智能汽车中的驾驶辅助系统（如自动紧急刹车系统、车道保持辅助系统、自动巡航功能等）在运行过程中，对于用户的正确操作和错误操作都有明确的反馈机制。当驾驶员正确使用驾驶辅助功能时，例如开启自适应巡航控制系统并设定安全距离后，系统会通过仪表盘上的绿色图标或提示信息显示功能已激活，并根据实际路况进行加速、减速操作。同时，如果车辆保持在车道中央行驶，车道保持辅助系统也会以平滑稳定的驾驶体验来间接向用户反馈其工作状态良好。然而，一旦发生错误操作，比如车辆即将偏离车道或与前方车辆过近产生碰撞风险时，系统必须立即给出强烈且明确的警告信号。此时，仪表盘上红色警示灯闪烁，车内响起警报声，甚至某些高级驾驶辅助系统还会主动介入操控，如自动调整方向盘角度使车辆回到车道内，或者启动自动紧急刹车避免或减轻碰撞损害。若系统未提供这些必要的错误操作反馈和干预措施，可能导致严重的交通事故，后果不堪设想（图4-7）。

图4-6 用户与小米AI音响的交流

图4-7 特斯拉的自动辅助变道

4.1.2　产品的内涵性语义

由于内涵性语义所涉及的内容广泛、抽象，且具有不确定性，因此内涵性语义的内容表达深浅不一，可分为三个层面：情感联想（浅层含义）、个性与群体归属（中层含义）和历史文化与社会意义（深层含义）。

（1）情感联想

通过产品外延层面所引发的情感联想，是基于大众共同经验和共同记忆的个人感官体验的本能反应，也就是对产品造型美丑的直接反应及个人喜好的直白表达。各种新奇的产品为我们的生活一次次创造惊喜，消费者首次见到一个新产品时的第一直观感受，如愉悦、兴奋、期待等，往往这种第一感受是至关重要的，它决定着消费者对这个新产品的接受度和满意度。正如iPhone手机凭借其简洁、优雅且极具现代感的设计赢得了全球消费者的喜爱。许多人看到iPhone时会联想到创新、高质量和前沿技术，这是因为在大众的共同经验中，iPhone一直是智能手机行业中的领军者，每一代产品的发布都会引起广泛关注和讨论。一些用户可能会被iPhone精致的工艺、材质所吸引，如镜面般的抛光不锈钢边框或背面流畅的弧线设计，这些元素触发了他们对美的欣赏，从而使他们选择购买并表达出对iPhone的喜爱之情。因此，iPhone通过产品外延层面（即产品造型和设计）成功地激发了消费者的情感共鸣，实现了从产品到情感价值的有效转化（图4-8）。

这种情感认知是"非功利性"取向的。虽然存在用户个体差异性，但是对于一些已经形成群体共识的情感体验和情感意义，人们对其认知和感受是相似的。正如瑞士军刀是全球知名的多功能折叠小刀（图4-9），其独特的设计和卓越的实用性使其成为一个深入人心的产品符号。从产品外延层面来看，瑞士军刀的设计简洁而实用，不仅包括了多种工具组合，而且在细节上，如红白相间的十字标志、精细打磨的手柄质感等，都体现了其严谨的工艺和高品质。从更深层次来说，瑞士军刀不仅仅是一个功能性的工具，它的存在还唤起了人们的冒险精神、独立自主精神以及对品质生活的追求。无论是将其作为礼物赠予亲友，还是自己拥有并使用，都体现了人们对其造型美感的认可及个人喜好上的表达，实际上都是对这一产品背后所蕴含的价值观和生活方式的认同。虽然用户之间存在着个体差异，但在面对瑞士军刀这样已经形成群体共识的产品时，大家的认知和感受具有相似性。此外，消费者会从对系列产品造型的多次认知过程中，持续地感受到相似的语义感觉，逐渐形成相对稳定的感性印象。

图4-8　iPhone15系列

图4-9　冬季魔力限量版瑞士军刀

（2）个性与群体归属

这是一种社会关系层面上的内涵性语义，是消费者在社会环境中个人身份的认同感、归属感和自我价值实现的满足感的表现。具体可以表现为个性的生活态度、流行时尚、社会地位的彰显、独特的价值观等。在现代消费社会中，人们对产品消费的期盼不只是物质功能，还有产品所体现出的社会差异性。有时人们对于这种差异性的追求要高于对物质功能的需求。此时，产品符号成为构建差异，体现社会阶层、身份象征、生活态度等的"物化"形式。

建立品牌差异化特征并被消费者所认同，需要商家对其品牌形象及相关符号系统进行长期经营与管理，在市场竞争中形成独特的品牌风格，这对于同质化产品具有重要的现实意义。

（3）历史文化与社会意义

这是一种具有叙事性、文化性、历史性、社会象征性的深层的、隐蔽的内涵表达。消费者通过对设计作品的体验并结合自身的经历，对作品背后的寓意进行自我感悟。与前两个层面不同的是，该层面的语义传达受消费者文化教育程度、成长环境、社会背景等因素的影响较大，并非所有消费者都能感悟。正如哈雷摩托因其独特的历史发展（图4-10），成为美国自由精神、叛逆文化和个性化表达的重要象征。它不仅是交通工具，更是

图4-10　哈雷摩托及其消费者

一种生活方式和自我表达的载体，它在电影、音乐、艺术作品以及各种社交活动中频繁出现，成为了一种具有强烈情感认同感的文化符号，被视为坚韧不拔、热爱自由、追求个性的代表。

这种层面的语义仅为小众群体所理解，设计师要对产品所指向的消费群体进行细致分析，准确把握该群体用户的整体特征、审美水准、意识形态、价值观等要素，运用他们所熟悉、所理解的符号去构建其内心向往的物质形态。

除了对消费者内心深层情感意识的唤起外，设计师还可运用一些与社会现象、人类发展、时代特色等相关联的象征符号，引发观者对社会意义和社会责任的深刻思考。

4.2　产品语境

产品语境是指产品被设计、制造、流通、使用、感知乃至废弃回收过程中，所有与之相关的外部环境、条件和情境的总和。从产品语义学的视角看，语境（context）是产品符号意义生成与解读的"意义场"，它并非静态背景，而是动态塑造产品符号意义（包括外延功能与内涵情感）的核心系统。其本质是"人-物-环境-文化"互动的多维关系网络，直接决定用户如何理解产品的"语言"。

4.2.1 产品语境的构成维度

产品语境是一个由物理环境、行为语境、社会文化场域、时间语境等多维度场域交织的动态系统。

物理环境构成了最基础的层面，指产品存在的具体物质空间（如室内/室外、私密/公共、固定/移动）、自然环境（光照、温度、湿度、天气）以及操作时的物理限制（空间大小、操作姿势、防护需求）。例如，深泽直人设计的无印良品壁挂式CD播放器，其拉绳开关的设计不仅形式简洁，更精准贴合了家庭环境（物理语境）中用户可能边做家务边操作的行为习惯，拉绳的形态直接唤起了用户对老式电灯开关的文化记忆（社会文化语境），使其操作语义不言自明。

行为语境聚焦于用户与产品的交互过程，包括用户使用产品的具体任务目标、实现目标的操作流程与步骤、用户的习惯性行为模式以及使用中可能伴随的其他活动。理解行为语境是设计清晰语义引导和可供性的前提。例如，咖啡机按钮序列需匹配制作流程（外延语义：操作导向）；游戏手柄震动反馈强化操作体验的沉浸感（内涵语义：情感满足）。

社会文化语境是最深层的维度，涵盖产品所处的社会结构、文化符号与象征（如色彩、图案的特定文化含义）、社会规范与礼仪、主流价值观与生活方式（如环保、健康理念）、历史传统与地域美学风格（如北欧极简、日本侘寂）。一款融入中国传统云纹或青花瓷元素的现代电子产品（国潮设计），其语义超越了功能本身，承载着文化认同与民族自豪感，其成功与否高度依赖于目标用户群体的文化背景和价值观认同。

时间语境则注入了动态视角，包括产品所处的时代背景（技术水平、社会思潮、审美潮流）、具体的使用时刻（白天/夜晚、节日）以及产品自身的生命周期阶段（新上市、使用中、升级、淘汰）。早期象征"高科技"的复杂按键手机界面，在当下追求极简交互的时间语境中，其语义可能已转变为"过时"或"难用"。

4.2.2 语境对产品语义设计的作用

语境是产品语义设计的底层逻辑框架，它如同语言交流中的"对话场景"，决定产品符号能否被准确理解、情感能否有效传递、价值能否真正共鸣。

（1）语境构建产品语义的"编码与解码规则"，确保意义精准传递

脱离语境的产品符号可能产生多重解读，准确的语境描述能够限定使用场景，明确产品符号的编码与解码规则，消除语义歧义，为符号赋予唯一解读逻辑。如红色按钮在工业设备中可表达"紧急停止"（红色代表"禁止"或"高风险"）；在游戏产品中可表达"开始战斗"（红色传递"能量""热情"，激发用户参与）；在金融交易工具中可表达"高优先级确认"或"风险告知"（红色可突出关键操作，避免用户因疏忽导致损失）。

（2）语境驱动产品语义的动态转换，动态适配用户认知模型

不同语境通过重构用户对符号的认知框架，驱动同一物理形态在不同场景中被赋予截然不同的含义。如折叠桌椅在露营语境中强调便携性（轻量化材质），在救灾语境中强调耐用性（高强度结构）。因此语境变化驱动语义转换，通过理解用户所处的环境、任务、情感状态及认知模式，实时调整产品功能、信息呈现和交互方式，以实现更高效、更自然的人机协同。例如喜马拉雅APP面向不同听众的特征，界面排版会有不同：针对老年群体的长辈版界面会增大字号、放大图片；针对视障群体的界面则十分简洁，只有文字，没有图片（图4-11）。

（a）正常模式　　　　　（b）长辈版　　　　　（c）视障群体

图4-11　喜马拉雅APP界面设计

（3）语境引导产品形态设计的"功能叙事"，优化用户交互逻辑

通过形态语言（如结构、材质、交互方式）将产品功能转化为用户可感知的叙事逻辑，并基于用户所处的环境、任务和认知状态动态调整叙事方式，从而优化交互体验。其本质是形态语义与用户语境的精准匹配，目标是降低认知负荷、提升任务效率、消除操作歧义、增强情感共鸣。例如，NEST恒温器（物理形态叙事）的产品语境是家庭环境，用户需求为节能与舒适。"圆形旋钮+屏幕反馈"隐喻用机械旋钮的直觉操作（物理叙事）结

图4-12　NEST恒温器

合数字反馈（状态叙事），降低认知门槛；旋转时界面实时显示温度变化表达了动态叙事"调节-反馈"闭环；温度变化图用数据可视化"讲述"节能故事（图4-12）。

（4）语境激发情感共鸣与文化认同，增强产品的用户体验与情感连接

产品要超越纯功能，成为用户情感和价值观的载体，必须深度融入其社会文化语境。巧妙运用文化符号、尊重社会规范、呼应生活方式和价值观，能建立深刻的情感连接和身份认同。OXO Good Grips厨房工具系列的成功，不仅在于其出色的人机工学（应对物理操作语境），更在于其粗大柔软的把手传递出的易用、舒适、包容的语义，深刻契合了现代社会对无障碍设计

和普适关怀（社会文化语境）的价值观，让不同年龄、不同手部力量（包括关节炎患者）的用户感受到尊重与便利（图4-13）。

图4-13　OXO Good Grips厨房工具

（5）语境驱动产品语义的"创新突破"，创造差异化设计价值

语境驱动产品语义的"创新突破"是通过深度理解用户所处的环境、任务和认知状态，重构产品形态、功能与用户需求之间的语义关系，从而创造独特的用户体验和差异化价值。其本质是以语境为锚点，打破传统设计范式，实现功能、情感与商业价值的统一。

反语境设计：颠覆常规语义框架，突破传统语境思维，颠覆传统设计范式，创造"意外惊喜"的设计价值。例如，戴森透明吸尘器打破传统家电"隐藏内部结构"的设计语境，用透明集尘盒展示"强劲吸力"语义，形成技术信任背书。

跨语境语义移植：将A语境的符号语义迁移至B语境，产生新颖解读，创造新的意义连接。例如"工业风家居"钢管椅将工厂车间的"金属管材"语义迁移至居住空间，表达"粗犷美学"与"反主流"设计态度。

寻求语境缺口：未被满足的场景化需求往往隐藏着语义创新机会。理解目标用户在特定语境下的痛点、期望和未被满足的需求，能引导设计师发掘新的语义表达方式，创造出更贴合情境、更具价值的产品。共享单车的设计理念正是深刻理解了城市短途出行的语境（物理语境：路面复杂、停放随意；社会语境：环保意识、便捷需求；使用语境：快速取还、低成本），以其坚固的车身、鲜明的色彩（易于识别）、扫码即用的简单交互（便捷、共享、无桩）定义了新的出行产品语义。

4.2.3 基于语境的产品语义设计策略

（1）深度语境调研与用户洞察

设计伊始，必须通过田野观察、用户访谈、数据分析、文化研究等方法，全方位理解目标产品所处的物理、时间、社会文化及使用语境。识别关键语境要素及其对用户认知、行为和期望的影响。例如，为高端酒店设计客房智能控制系统，需要调研不同国籍客人的习惯（社会文化）、客房的空间布局和光照（物理），以及酒店希望传递的品牌调性（如奢华、宁静或科技感）。

（2）在语境中定义语义目标

基于调研，明确产品在特定语境下需要传达的核心语义信息。这包括核心功能是什么（如高效、清洁、安全守护）、需要唤起用户何种情感（如信任感、放松感）以及承载何种品牌或文化价值（如可持续、创新等）。这些目标必须与语境紧密关联。例如，针对户外运动爱好者设计的头灯（语境：黑暗环境、复杂地形、双手需解放），其核心语义目标必然是可靠照明，佩戴稳固舒适，操作简单直观。

（3）语境化设计元素的塑造与验证

运用形态、色彩、材质、表面处理、灯光、声音、交互逻辑等设计语言，将抽象的语义目标转化为具体的、契合语境的产品特征。设计原型必须在模拟或真实的目标语境中进行反复测试和迭代，观察用户的实际反应，验证语义是否被准确解读，体验是否流畅自然。飞利浦医疗设备的设计堪称典范，其监护仪、超声设备等，符合人体工学、触感明确且带防误触设计的按键/旋钮（适应戴手套操作、减少压力下的误操作）。

（4）考虑语境的动态性与模块化表达

语境并非一成不变。设计应考虑语境的潜在变化（如产品使用场景的扩展、用户群的演变、社会趋势的变迁），并赋予产品语义一定的适应性和灵活性。无印良品（MUJI）的产品哲学深谙此道。其大量产品采用中性、简约的设计语言（色彩、形态、材质），剥离了特定文化或潮流的强烈符号（社会文化语境的普适性），其核心语义（如"本质""自然""适度的生活"）能在全球不同家庭（物理语境）中被广泛理解和接受。

在产品语义设计中，语境绝非被动的环境背景，而是主动塑造意义的"生成器"，设计师需像语言学家一样，精准掌握语境的语法（设计规则）、词汇（符号元素）和修辞（表达方式），使产品在不同语境中"说出"用户能理解的语言。扎根语境的设计则如种子契合土壤，使符号在特定"意义生态"中生长为有生命的用户体验。设计师的本质使命，是成为语境的"解码者"与"重构者"，将混沌的场景约束转化为清晰的语义规则，使产品符号在多元语境中实现精准的意义锚定与情感共振。

4.3　产品语义设计的修辞方法

4.3.1　隐喻

（1）隐喻的方式

①**基于形式相似性的隐喻。**形式的相似性是表达层面的能指关联，以本体与喻体在形态、结构、功能等方面所具有的物理性的相似要素作为设计基础，使得用户能够通过喻体对本体产生新的认知体验，这种相似性是能够被用户所熟知和理解的。例如：读书软件中模拟真实翻动书页的效果（图4-14）；点击或触摸屏幕时视觉水波效果的反馈；页面转场的加速度、惯性等物理运动曲线效果等。

图4-14　软件中的翻页模拟

②**基于意义相似性的隐喻。**意义的相似性是内容层面的所指关联，运用喻体符号所产生的意义间接地传达出本体较难直接表现的深层含义。本

密码　　加速　　主题　　设置　　浏览器　　安全

图4-15　符号设计

体与喻体要具有意义的相通性，喻体符号所传达的深层次内容要符合用户的普遍认知与经验。从产品语义的角度来看，这种隐喻方式体现的是内涵性语义。设计师在选择喻体符号时，要使用产品用户群体能够认同与理解的符号语言。正如界面中锁可以代表"密码"，火箭可以代表"加速"，调色板可以代表"主题"，齿轮可以代表"设置"，地球可以代表"浏览器"，雨伞可以代表"安全"等（图4-15）。

（2）隐喻的特点

①**牵强的隐喻与新颖的隐喻。**当某些新颖观念难以寻得直接的表达符号，尤其是在目标语言中缺乏贴切表述时，便会催生出所谓的"牵强隐喻"。拉科夫与约翰逊曾阐述，隐喻的核心在于通过一种事物的视角去阐释和感知另一种事物。具体而言，隐喻是指利用用户熟知的具体事物作为桥梁，以传达较为抽象的概念。正因隐喻具备这种沟通与理解的桥梁功能，故而它与现代主义设计中常遭摒弃的传统装饰元素形成了鲜明对比。装饰，某种程度上可视作附加的隐喻元素，但设计符号学更倾向于探讨"融合性隐喻"，即隐喻元素需与产品原有结构巧妙整合，而非简单堆砌。以图4-16所示的个性显示器设计为例，该设计错误地将纯粹的装饰误认为是隐喻应用，从而陷入了"牵强隐喻"的误区。

图4-16　个性显示器

独创性的隐喻源自内容与表达方式间的显著差异，这种差异越大，隐喻的呈现就越为醒目，能为用户带来意料之外的惊喜。"精心挑选且引人入胜的比较"，即所谓的新颖隐喻，其诞生往往源自非预定的、偶然的灵感闪现，它能触动我们的直觉，引领我们逐步感受愉悦与乐趣，体现出一种娱乐性价值，与既定的必然性形成鲜明对比。当下的设计趋势，如可爱的风格和情趣化设计，正是这一原则的生动例证。在探讨隐喻时，我们应当明确区分其必要性、娱乐性与想象力、个性化情感等因素，确保它们各自发挥独特作用。通过"色彩的巧妙运用及意想不到的元素组合激发惊奇与惊叹"，为语言或设计灌注生命力与能量，进而孕育出新颖独到的隐喻和如诗般美妙的视觉意象。

图4-17展示的是韩国设计师Junyoung Jang的创意作品——CLIPPY小鸟灯，该设计巧妙地汲取了小鸟的形象特点，旨在为使用者营造出空间的深层含义与乐趣体验。这款灯具适应多样化的应用场景，无论置于何处，皆能营造出一份温馨惬意的环境氛围，其设计理念围绕着鸟类自由翱翔于自然界的美妙旅程展开。针对使用场景的灵活性与高效性，CLIPPY特别设计了夹式底座，这一构思反映了设计师对实用性的深刻洞察。在设计过程中，Junyoung Jang广泛借鉴了自然界中鸟类的形态特征，巧妙融合了夹持功能与照明元素，实现了功能与美学的和谐统一。

图4-17 CLIPPY小鸟灯

②**本体与喻体的相似性**。隐喻作为一种修辞艺术，实现了一种意象向另一种意象的转换，其核心意义保持恒定，这一转换则根植于两者之间的类比关系。具体来说，隐喻构建于两者的符号（能指）或其内涵（所指）的相似性之上，通过这种相似性的桥梁，实现了概念的链接与传达。鉴于此，可以根据其构建基础的差异，将隐喻划分为两大类别：一类基于形式上的相似性，即表征层面的接近（能指相似性）；另一类则聚焦于意义层面的契合（所指相似性）。在产品设计的语境下，相似性是构筑隐喻的基石，它促使设计师跨越不同的领域、经验范围和知识体系，发掘并连接那些乍看之下或许不相干事物间的共同点，从而巧妙地编织出寓意深远的喻体，丰富产品的表现力与内涵。

③**范畴的广泛性**。隐喻的范畴具有广泛性，因为从多维度联系性的观点来看，可隐喻的事物是无限的，特别是与产品功能语义传达中的隐喻相比，产品情感语义的隐喻思维更具开放性，这是由二者语义传达的目的和特点决定的。

隐喻范畴的广泛性还表现在设计师对待隐喻问题存在的个体差异上。隐喻并非建立在对产品的完整替换或显著类似的基础上，一个产品的结构关系或者某个构件，甚至一个图案、一个色块都可以看作是设计师将一个产品通过他认为类似的符号表现出来，这便是隐喻。如果这种类似性联系是其他设计师没有实践过的，便具备了创意性。值得一提的是，设计师不仅要关注隐喻在符号形式（能指）上的类似，还需要关注特定的设计表现符号形式的介入。

④**本体和喻体的互动性**。互动性是指隐喻内部本体与喻体间的相互作用与启迪的过程，人们对隐喻语义的领悟起着至关重要的促进作用。通常，喻体因更为人所熟知，所以在与本体的交互反应中扮演着引导角色，其特征与结构被转译并应用于相对较陌生的本体上，从而助力人们更好地理解和把握本体的本质。在这一过程中，本体与喻体经由共通特性的纽带紧密相连，构建起意义的桥梁。每一个视觉表现形式，无论是建筑设计还是产品设计，均可被视为一种陈述，不同程度地映射出设计者个性的某个面。在此背景下，隐喻不仅是一种设计语言，更成为设计师传达情感内涵与美学理念的有效工具，让设计作品超越物质层面，触及观者的心灵深处。

⑤**认知性**。隐喻与人类思维活动紧密相连，深入剖析隐喻的特性，是洞悉人类心智运作的重要途径。在认知方面，隐喻扮演着核心角色，对个体理解世界的方式有着深远影响。从认知功能与机制的视角审视，基本的思维构成，如概念建构、判断形成与推理过程，常依托隐喻作为媒介来体现其复杂性与深度。隐喻，作为一扇独特的认知之窗，拓宽了人们观察与理解世界的视野，赋予认知活动以新颖的框架与维度。

设计者巧借隐喻手法，通过精挑细选的喻体与本体功能特性的有机结合，搭建起一座沟通桥梁，将原本抽象难懂的本体特性转换为公众易于理解且熟知的表达形式，加速了用户对设计产物的认知与辨识过程。

4.3.2 换喻

（1）结果替代原因（因果关联）

设计产品时，某些功能、技术亮点、品质效果等很难在视觉外观上直接体现出来，此时，设计师可通过以表达结果的符号替代设计中表达原因的符号，让用户经思维联系达到对缺席或隐含的较为抽象和概念性的意义的认知。因果关联是具有很强逻辑性的联系，特别是对一些常识性的因果符号的替代可以作为设计中意义的有力传达方式。

Zone Denmark的ROCKS Bird酒瓶塞（图4-18），通过将鸟头造型的塞子置入酒瓶口，继而倾斜鸟嘴闭合瓶口，实现了酒瓶的密封，使之适宜水平放置。如此一来，酒液的香气与风味得以完好保存。

图4-18 ROCKS Bird酒瓶塞

（2）使用者（使用环境）替代使用对象

产品设计的创新往往让产品在视觉认知上具有多义性与模糊性，一旦符号偏离了原型，就会使用户对产品的识别产生困难。因此，在产品中加入使用者或者使用环境的符号要素有助于使产品意义表达得更加清晰、准确。如采用冗余手法把使用环境、使用者等与产品相关联的符号纳入产品设计的符号系统中，就具有明确产品的使用人群、功能用途等产品信息的功效。大蒜吊灯（Garlic Lamp）的灯罩设计十分独特（图4-19），形似放大版的蒜瓣，通过一条翠绿的吊绳优雅悬挂在居室顶部。光源从底部的开口处集中投射，同时，凭借其半透明蒜瓣状外壳的特性，光线柔和地弥漫四周。将其安置于厨房或餐厅空间，无疑会增添一抹别致的氛围，这是一个兼具实用性与美观性的优选装饰。

图4-19 大蒜吊灯

（3）实质替代形式

在设计作品的语义传达中，换喻手法能够高效激活那些隐藏或未直接显现的功能性含义，勾勒出产品的应用情境，从而加深用户的理解。本质上，换喻是构建整体与局部意义间桥梁的过程，通过类似"横向整合"的逻辑关联不同要素。实施换喻策略，首要前提是进行深入的功能解析与明确的功能界定。基于这一坚实地基，设计者便可探索与选定符号，使之与特定功能特性紧密相连，将抽象功能概念转化为受众易于感知的形式。此过程路径多元，依赖于设计者自身的经验和丰富的想象力。

由Sunon设计的SAMU鲸鱼椅（图4-20），灵感源自鲸鱼庞大却无比优雅的身躯，其温馨的特质通过一抹微笑展露无遗，展现出家具设计中鲜见的鲜明个性与视觉吸引力。该椅采用流畅蜿蜒的造型，不仅赋予了产品美学上的灵动性，还解锁了多重非正式用途——它既能化身为配备小巧工作台的座椅，也能变作可倚靠的舒适休息之处。正是这样的多功能灵活性，使得SAMU成为共享办公区、候诊室及创意设计工作室等多元化空间的理想配置。

（4）现象与内容的关联

在设计语境下，换喻关联性体现为产品外形与其功能性内涵的紧密匹配，意味着设计形态与产品实际效用之间的高度一致性。此类型换喻借用了与产品核心功能密切相关的一个现象化符号，成为设计表达中的直观信息载体，通过选取"内容映射的现象"作为视觉焦点，集中强调了产品特性中的某一具体面向，有效指引用户理解产品的独特用途与功能。

由Offsite Design精心打造的Roly-Poly不倒翁牙刷（图4-21），其灵感源于日常生活中的一处细微观察：人们在刷完牙后，常将湿润的牙刷置入漱口杯中，不经意的触碰便可能导致杯子倾覆，从而为细菌滋生提供了温床。为应对这一常见问题，Roly-Poly牙刷采用了独创的不倒翁设计，巧妙解决了稳定性难题，同时也为原本平淡的牙刷增添了几分趣味性与活泼感，尤其适合小朋友使用，让他们能在享受刷牙的乐趣之余，亦能培养良好的卫生习惯。

图4-20　SAMU鲸鱼椅

图4-21　Roly-Poly不倒翁牙刷

4.3.3 提喻

（1）提喻的定义

提喻，这一术语意为"替代性阐释"，其核心在于利用概括性更强（泛指）或更具体的词汇（特指），在同类或同一范畴内进行替换，以泛指代特指或反之，反映出两者间的包含或被包含关系，而非简单地对等。在提喻中，本体与喻体基于归属而非映射的关系相连，本体作为喻体的具体体现，而喻体则寓于本体之中，形成内在的包含结构。在设计领域内运用提喻技巧，是一种富有创意与独创性的艺术表达策略，它能使产品设计超越单一的物理形态，赋予其生动性、形象性与独特韵味。通过在产品中嵌入富含联想的元素，能促使用户在认知与情感的联想之旅中获得深层次的情感共鸣与体验，从而加深产品与用户之间的互动与感知深度。

（2）提喻的作用

借助提喻手法，符号的语义得以深化、扩展乃至提升至更高层次，使设计表象从浅层的视觉感知跃升至深邃的洞察境界。提喻的魔力在于，它能够将平凡的媒介载体转变为承载重大意旨的载体，实现以小见大、意蕴深远的表达效果，其间蕴含着丰富的认识论价值，如以简驭繁、见微知著及触类旁通的智慧，同时也承载了情感传递与释放的功能。因此，在设计实践中运用提喻时，设计者须细致考虑两方面要点：一方面，确保喻体与本体（被替代对象）之间存在密切而具体的相关性，这是提喻区别于其他修辞手段的显著标志，强调的是"替代"中的内在逻辑联系；另一方面，重视喻体与本体间形象上的贴合与创意展现，使提喻不仅在意义上精确对应，还在视觉和感知上形成强烈而鲜明的形象关联，从而加强信息的传达力与感染力。

在当下的"注意力经济"与"眼球经济"背景下，巧妙运用提喻，能有效触动消费者的感官神经与情绪反应，激发其产生购买意愿。值得注意的是，提喻设计的目的并非堆砌标新立异、引人注目的视觉元素，也不是依赖震撼视觉的符号制造瞬间冲击，而是旨在协助消费者直达事物核心，实现更精准、深入且直观的理解。面对信息过载的现状，用户在海量数据中如何筛选出有价值的内容？现有的搜索工具（如谷歌、百度）往往只是简单地将数据浪潮推送给用户，任由其自行挖掘信息的深层含义，"信息检索"与"意义互联"的理想状态仍未落地，这仍旧是待实现的愿景。而提喻的运用，则能高亮显示对象特征，激发用户的联想，使设计意图更鲜明，本质意义更易于突显，为用户在信息汪洋中架设意义的桥梁。

（3）提喻的手法

①部分与整体的替代。部分与整体关联的提喻包括两种方式：一种是以部分替代整体，另一种是以整体替代部分。以部分替代整体是缩小认知范围，通过简洁化手法突出表现设计师想要传达的核心信息或者突显产品功能本质的重要部分。以部分替代整体的提喻十分符合"少即是多"的简洁化思想，在信息高度发达的时代，产品设计中的符号应尽可能简洁、高效，即用最简洁的符号高效率地传达信息，去除与信息传达无关的多余矫饰。

在极简时钟的设计中（图4-22），设计师选取时钟盘面上的个别数字作为标志，以此精练地替代完整刻度圈，展现出既简约又美观的视觉效果，同时这种设计手法更加强调了对当下的时间感知，赋予时间显示以新颖独到的表达方式。

图4-22　极简时钟

②具体与抽象的替代。具体与抽象关联的提喻主要是以具体的事物替代抽象的事物，是一种使抽象的事物被一个具体的事物指代的形象化表达方式。产品是以视觉化符号为主的设计，为了表达一个抽象的概念，设计师需要找出产品自身具象显现的一面，以此作为符号，即产品设计通过造型的形象化方法，利用直观的视觉语言把思维里抽象的意义图像化，将其有效地在产品上加以体现，便于用户认知，同时还要与产品的功能恰当地融合为一个整体。

《北京的美》海报的创作（图4-23），巧妙融合了古韵的故宫、庄严的天坛及绚丽的京剧脸谱等元素，并将这些标志性的文化符号串联成一串视觉上的"北京糖

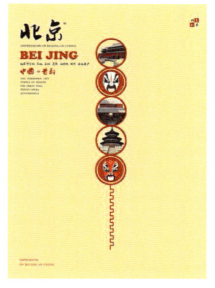

图4-23　《北京的美》海报

葫芦"，以此生动展现北京独特的地域风情与深厚的人文底蕴，旨在实现更具影响力的传播效果，加深观众对北京城市形象的理解与记忆。

③**种与属的替代**。质感与产品关联的提喻是用原材料或材质感替代产品本身，同样也是用具象化、重点突出的方法使内涵意义传达得更加鲜活生动。产品的材料构成属性是固有的物理性质，因此，材质感能形象地指代产品的意义。但值得注意的是，随着科学技术和加工工艺的发展，产品的实际材料与表面材质效果的固有联系已被打破，人为材质感在现代设计中的应用越来越广泛，它是获得丰富多彩的质感效果的重要手段，同材异质感和异材同质感就是典型效果。因此，设计师要会合理、巧妙地利用质感与产品的关联来塑造产品语义。

如图4-24中的公益海报，表面上是一只兔子穿着一件看似兔毛质地的衣物，而深层寓意则在于强有力的倡导：停止对动物的猎杀，抵制将动物皮毛用于装饰之目的。设计旨在揭示美丽背后的残酷真相，唤起公众的道德反思与环保意识。

图4-24　国际反皮草联盟的公益海报

4.3.4　讽喻

（1）讽喻的含义

讽喻与隐喻、换喻、提喻三种修辞手法的区别在于：隐喻是以相似性为基础，用一个形象替代另一个形象；换喻是以邻近逻辑相符的横向并列的形象替代；提喻是相同本质性范畴内纵向的形象替代；而讽喻则建立在本体与喻体的差异性、矛盾性的基础上。

（2）讽喻的特点

①**相异性（差异性）**。"指鹿为马"这一表达，实质上揭示了符号表象可能引发的误解：表面上指向某一对象，实则经由另一符号的提示，让人们意识到其真正意图指向截然相反的事物。讽喻的力量源自主体与喻体间的鲜明差异，两者差距愈大，讽喻的冲击力与明晰度

图4-25　仙人掌泡茶器

愈发显著。当然，不论是寻觅符号间的相似之处还是强调其差异，均根植于大众对特定产品形象已形成的常规认知框架内。正如图4-25的仙人掌泡茶器，以一种隐喻的方式展示了设计中如何巧妙地利用符号和预期的颠覆来吸引注意力并传达深层含义。在这个设计案例中，仙人掌这一形象通常让人联想到干燥、棘手、不易亲近的沙漠植物，而泡茶器则是与水、温和、滋养相关的日常用品，二者在性质上看似截然相反。设计的讽喻力量体现在仙人掌形象与泡茶功能之间的鲜明对比，这种创意的结合不仅令人耳目一新，而且在用户意识到其功能性时，会产生一

种惊喜和感悟——原来熟悉的仙人掌形象可以如此巧妙地转化为实用而富有美感的家用物品。这种设计的冲击力和明晰度正是来源于主体（仙人掌）与喻体（泡茶器）之间的巨大差异，它鼓励用户跳出常规认知框架，欣赏到设计背后关于自然与生活和谐共存的深层寓意。

②**分离性（夸张手法）**。在设计表达中，轻描淡写的掩饰或过度夸大的陈述手法，仅仅是讽喻技巧的冰山一角。讽喻的深层价值和影响力远超于此，它不仅限于展现对抗性的激进观念或纯粹的讽刺态度。实际上，众多设计中的讽喻运用了夸张手法，以此营造出幽默风趣且富含戏剧张力的氛围，这一过程生动展现了后现代设计中那种玩味十足与游戏化的思维特质。

作为一种极富表现力的修辞手法，夸张手法基于客观现实却又超越常规理性界限，通过语言的变形与变异，为人们开辟了一个超越现实的情感自由天地。在产品设计领域，夸张手法发挥作用的心理机制，关键在于产品外观呈现的形象与公众普遍认知中的产品常态形象之间形成的鲜明对比，这种对比引发了显著的心理落差。正是这种心理上的"距离效应"，赋予了夸张手法以独特的魅力，它虽不一定总是旨在讽刺（除非是在特定情境下），但确实能够激发观者的强烈反响，增强设计的吸引力和记忆点。

如图4-26是菲利普斯诺克为Flos公司设计的Collection Guns灯具，金色的武器象征着隐藏在战争背后的真正目的——金钱，黑色的灯罩象征着死亡，按下枪扳机，结果灯却亮了，耐人寻味。轻描淡写中表达出对和平、战争、死亡、贪婪等复杂性的社会思考。

图4-26 Collection Guns灯具

③**对立性**。讽喻的影响力很大程度上源自其构建的对比性，即本体与喻体之间的差异性越大，其所产生的讽喻冲击力越强。这表明，讽喻的内在差异性本质上依托于两种相悖概念的并置，通过一个符号的表象，揭示其暗含的、与直观感知相左的深层含义，从而传达出言说者深层的观念对立或情感反差。举例来说，诸多后现代设计实践者擅长运用讽喻技巧，以此来展现他们对于现代主义及国际主义设计风格的批判性反思、挑战精神以及微妙的嘲讽意味，这种表达方式深刻体现了设计语言的丰富层次与深度。

鹅卵石造型的抱枕设计（图4-27），巧妙地颠覆了常规认知：通常予人以柔软、温馨印象的抱枕，现以织物模拟出坚硬鹅卵石的外观，实现了质感上的鲜明对比。这一设计通过"硬"与"软"的巧妙结合，不仅在视觉上呈现出一种独特的讽喻效果，引人深思其形态与功能之间的对立性，同时也激发了关于触感体验的好奇——观之坚硬，实则触感如何？是否依旧保留了抱枕应有的舒适与温馨？此设计通过对这一感官的探索，增强了产品的互动性和趣味性。

图4-27 鹅卵石抱枕

5

产品语义
设计方法

5.1 语义原型

在语义设计的过程中，寻找"语义原型"的符号意象来传递产品概念信息和属性特征，是设计成功的一个关键。原型并不是不可言传只能意会的精神存在，而是在人类社会里广泛存在的，并深刻地影响着人们的行为方式和意识形态，因此原型在建筑学、传播学与心理学中是一个很重要的概念。而符号是原型的重要表现形式，符号反映着在不同的国家、区域、领域内不同原型的象征意义。例如在电影叙事艺术中，常常运用原型隐喻的手法来含蓄地传达特定观念。集体无意识层面的原型虽然不易被个体直接察觉，但却能悄然无声地塑造和影响观众的观念及行为取向。而在建筑设计领域内，原型概念同样得到了巧妙应用：建筑师通过精心设计建筑的体量布局与形态特征，借由宏大壮观的结构彰显所有者的权威与声望；同时，以细腻和谐的建造风格，微妙而深刻地揭示出居住者内在的人格特质与审美品位。帝王所居的瑶台琼室，自然成为权力、地位的代表和象征国家身份的符号。同样，产品的视觉信息将"原型"符号作为载体，通过产品的形态美学、功能结构、使用操作等形式传递给人。

通过原型物的隐喻与象征，产品语义既在设计师与使用者之间双向地反馈与传递，同时又重新诠释了人与物的互动关系，使人与物之间产生"对话"。在荣格心理学理论中，原型被视为源自人类早期生活经历的共有遗产，所有群体成员对其具有普遍共鸣。这些原型构成了人类心理活动底层的基本模式架构，是历经世代传承与积累的经验积淀，从而深刻地塑造了个体的认知框架、情感反应机制及想象力的表现形式。这种内在联系不仅局限于个人层面，而是可以被整个群体所共享。原型尤为显著的特性

图5-1 Aero灯

在于其媒介功能，它既能够作为桥梁连接到深层的集体无意识领域，又能触及具体个体的具体表征。例如卡斯蒂格利奥尼兄弟于1962年共同设计的Aero灯（图5-1），该灯又称为钓鱼灯，因为其修长的灯杆造就的独特形状就如同一个钓鱼竿，通过自然弯曲的灯杆，塑造一个有着优美曲线的吊灯。钓鱼灯符合大多数受众的审美，容易引起主体的联想与情感的共鸣。所以，原型的存在源于交流与理解的需要，以"原型"为符号是传达设计信息的较佳媒介，原型理论有助于理解增义、减义、转义、隐喻等概念。

克劳斯·雷曼是世界著名工业设计家和工业设计教育家，他于1934年出生于德国，毕业于斯图加特艺术设计学院，曾任德国斯图加特国立造型艺术学院院长，多年从事工业造型基础学科的研究。他在1991年指出，产品或物品语义上的意义有许多丰富的符号隐喻和意象，其语义原型的来源大概分为六类。

①可解码的机械原理让人联想到实际经验，是跨语言和跨文化的。

②人类或动物手势的符号是通用肢体语言的一部分。

③熟悉的抽象符号起源于一种特定的文化，但通过全球化和交流的过程，已经成为普遍的符号。

④技术的符号象征，即技术成就的主要模式，已经成为被全球广泛接受的隐喻形式。

⑤材料的情感特质吸引触觉和感觉，为人们带来感性体验。

⑥风格化或历史性的隐喻根植于它们产生的文化之中。

"产品语义并不是一种新的风格。这是一个严肃的研究，关注在人类与物体的互动中出现的意义。"——克劳斯·雷曼

5.1.1 从可解码的机械原理中寻找

机械（machine），源自希腊语mechine及拉丁文mecina，原指"巧妙的设计"，作为一般性的机械概念，最早可以追溯到古罗马时期，主要是为了区别于手工工具。旧新石器时代的劈凿石锤、细磨石斧等简单粗糙的工具是后来出现的机械的先驱。从制造简单工具演进到制造由多个零件、部件组成的现代机械，经历了漫长的过程。从原始的石器时代到近代的蒸汽时代，进一步发展到如今的人工智能时代，现代精巧和复杂的机械和装置使过去的许多幻想成为现实。机械已经成为人类社会文明的一部分，也与当下人类社会产生的产品产生了巨大的交集，产品的内部结构、外观和功能方式等都与机械和机械原理有巨大的关联性。因此，使用具有人类共识的机械语言来传递信息，可以跨越语言和文化。

机械产品的广泛应用对人类社会产生了深远影响，有力地塑造了现代社会面貌。因此，那些充分结合实际使用经验而设计的机械产品往往易于被人们理解和接纳。以车辆为例，其装配轮子的设计体现了运动与承载功

河姆渡文化陶器纺轮　　　战国青铜齿轮　　　现代齿轮

图5-2　齿轮的发展演变

能；齿轮系统的耦合与联动，则象征着连续性和动力传递机制等基本原理。自工业革命以来，齿轮及其相关原理便在大部分机械设备中扮演着核心角色，成为工业和机械领域的象征物，并标志着工业时代的到来。即便齿轮并非起源于工业时代，而是早在古代文明阶段就已出现，并且随着人类文明的发展不断演进（图5-2）。显而易见的是，机械原理常常引发人们对规则、规律的思考，它是人类掌握科学知识并运用规则提升工作效率的重要工具。因此，探究通用性机械原理如何在跨文化传播中发挥作用及其所蕴含的意义，一直是跨文化传播研究中的关键议题。

在实际应用中，共享的机械原理有助于消除身处不同地域和环境的用户在使用过程中的安全隐患与不确定性。以卷尺为例，为了实现便于挂扣、小巧便携、随身测量等功能和特性，需要协调26个零部件共同运作。精密设计的盘簧确保了卷尺数据测量的精确无误；巧妙的套钩结构能在不影响金属片完整性的前提下有效固定卷尺片；尾部贴合的金属条与卷尺片等长，并缠绕于中心轮轴之上，转化为强大的储能弹簧。随着卷尺拉出的长度增加，弹簧所受压力增大，一旦解锁扣环，弹簧会迅速回弹，使卷尺立即收回。看似简单的卷尺经历了从直尺到可卷曲式再到自动缩回型的漫长机械演进历程，其核心是将内在复杂的机械原理转换为适用于各种空间情境下的高精度操控性和广泛的操作共识性。

5.1.2 从通用肢体语言中寻找

肢体语言作为人类共通的情感表达方式，会深深地烙印在人们的记忆中，并伴随一生。在长期的社会交往过程中，人们发展出了丰富多元的肢体语言系统，具备感知性、一致性、逻辑性和创造性等特点，能够准确传递人们内心世界的情感活动。尤为关键的是，肢体语言能真实

反映出人的实际心理状态。而在艺术学、传播学及设计学等学科领域中，肢体语言还被诠释为一种图形化的语言表现形式，它能够以更加简洁明快且富有象征意味、体系化的方式呈现，并具有鲜明的时代感召力。因此，肢体语言的研究对于产品语义学等相关设计学科具有显著的应用价值和启示作用。人体肢体语言符号系统如图5-3所示。

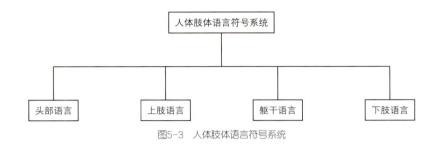

图5-3　人体肢体语言符号系统

肢体语言在人类日常交往过程中肩负着信息传递的重任，人脸能做出上万种不同的表情，人体的动作可以传达思想与情感，这些非言语性的身体表达元素都具有内在的意义，且与个体的情感状态紧密相连。即使不用语言表达，人与人之间也可以通过行为与触摸、姿态与容貌、眼神及表情等肢体语言，将内心的情感表露出来。

随着计算机技术的快速发展，新的社交形式——网络交流开始成为现代社会生活的一个主要部分。人们由此创造了一系列符号化、图像化的肢体语言，这些具有表情意味和形象色彩的符号极大地丰富了人类表情传意的方式，形成了独特的网络语言。人们在网络交流中用表情符号来生动呈现和描摹日常面对面交际中的非言语信息，使双方如闻其声、如见其人。

1982年9月19日11∶44，美国斯科特·E·法尔曼（Scott Elliott Fahlman）教授在一个互联网电子公告板上第一次使用了微笑符号":-）"，接着世界各地都推出了风格不同，但都能为全球人们接受的表情符号（图5-4）。例如：

图5-4　Scott Elliott Fahlman教授及表情符号

、（ノ－、）/无聊、（×_×）晕倒、*（^_^）/*加油、>_<|||尴尬、//（ΤοΤ）//流泪、（〜^〜）不满……，不但产生了符号式的表情，也产生了更为复杂的图像式表情。在网络沟通中，人们频繁运用手部动作变化的图像符号，如握手、敬礼、OK手势等表情符号（emoji），以生动直观的方式展现情感变化，满足了新时代视觉传播的需求。这类图像化的肢体语言不仅限于线上交流，在现实生活中也日益普及，比如志愿者佩戴的"笑脸徽章"就是一例。在产品设计特别是操控界面的设计环节中，符号化的肢体语言扮演着至关重要的角色，有助于跨文化背景下的精确信息传递，例如利用手拦截的动作图案表示紧急停止，手指形象则常被用来指示方向。此外，此类肢体语言符号相较于传统的文字或口头表达，往往更具表现力和强化作用。值得注意的是，肢体语言还体现了地域文化的差异性，在不同民族文化背景下，虽然某些肢体语言具有跨文化的共通性，但结合地域差异可避免产品设计中的"同质化"问题，这对于强调设计的个性化表达方面尤为重要。在设计中尊重并巧妙融入各民族特有的肢体语言元素，可以在实现普适性的同时保持产品的独特性和多样性。

5.1.3 从抽象符号中寻找

抽象图像符号在史前人类时期就已经出现，从出土的史前陶器中可以一窥先民的生活与文化，陶器上的纹饰是最初对美的追求和探索。甘肃博物馆馆藏马家窑文化垂弧锯齿纹瓮（图5-5），抽象地表现了水流中的漩涡，富有变化和层次感。这已经不能说是天真质朴，而是很高明的抽象线条运用艺术。

图5-5　垂弧锯齿纹瓮　　　　　图5-6　四圆圈万字纹壶

临夏回族自治州博物馆的马家窑文化四圆圈万字纹壶（图5-6）蕴含丰富的文化指向，"卍"（万）字符号作为一种代表火与太阳的象征，在古代印度、希腊、埃及以及波斯等众多文化中均有所记载和体现。这些都说明史前人类蕴含着丰富的隐喻性思维，先民的形象表达也由模拟写实图案发展为抽象图像符号，具有意义转译的能力，这也是新的意义产生的根源。

在跨文化交流与互动的过程中，差异不仅存在于个体层面，更体现在不同文化背景中符号意义的传递、价值创造以及文明理解等方面的多样性上。现代设计领域将产品视为一种复杂的符号系统，它借助形态、色彩、材质和纹理等多种感官可感知的符号元素和结构形式，在特定情境中传达易于理解和接纳的意义信息，以实现产品的实用价值与象征意义。在这些感知要素中，形态符号是认识产品最主要的手段或方法，是设计师和用户相互理解和交流的主要媒介。其中，点、线、面、体是最基本的设计要素，通过创新手法将这些基本形态进行组合和转化，可以创造出丰富多样的视觉效果，赋予产品强烈的形式美感和抽象意蕴。产品符号要素中形态的相关内容可查阅本书第2章中产品符号的表现形式。

产品设计中的修辞手段同样围绕点、线、面、体等元素展开，应以此塑造产品的外形特征，传递其功能特性、美学价值，并通过对消费者心理预期、文化背景及其象征内涵的深刻洞察，诠释出"产品的本质属性、功能定位、操作方式以及象征寓意"等诸多维度的信息，从而促进产品与使用者之间的有效对话。具体到形态学应用层面，即便是微小的视觉区域也可视为"点"，以其存在感引发关注；"线"作为表现力最为丰富的形态元素，展示了符号内在的和谐与动态美，如张力、轴线引导、方向指示和运动趋势等；"面"的形状特点主要由轮廓线和轴线决定，轮廓线定义了形状边界，轴线则揭示了面的凹凸变化与形态转折；而"体"所呈现出的立体形态，则是由材料质地、制作工艺、力学性能以及审美观念等多种因素共同塑造的结果。这些要素往往对应于产品的各个结构组件，各自承载着不同的物理特性和象征含义。

5.1.4 从技术或当时杰出的技术符号中寻找

技术，是在人类社会长期实践中逐步发展起来的，依据实践经验与科学原理创造并应用于生产和生活领域的复杂体系。这一体系涵盖了多种用于连接人与物质、物质与物质以及人际互动的实体工具和非物质手段。具体而言，物质层面的技术手段包括但不限于各种工具、机械设备、仪器仪表、装备设施等；而在非物质维度，则涉及相关的知识体系、实践智慧、技能技法、信息资源、符号系统、制度规则乃至社会规范性知识等内容。以一个简单的木工制品为例，其内部结构即体现了长、宽、高等基本的数字化概念，当人们与其交互时，这些制品便能够传递几何学和数字意义方面的信息，从而展现出技术本身的内涵与价值。

工艺可以直观地体现产品的品质，超越原材料的局限，赋予产品新的想象空间，获得巨大的经济和文化价值。例如耀州窑陶瓷刻花技艺在历史上被称赞为"巧如范金，精比琢玉"，因其品质精良，故而关于它的溢美之词从宋代一路延续至今。耀州窑器上的纹饰以刻花尤为精美，刀法犀利流畅、刚劲有力、深浅有致。牡丹花繁而不乱，既追求了形式变化，又能保持整体的和谐统一。牡丹纹饰结合釉色青中闪黄，浓淡相间，具有繁花似锦的既视感。刻花技艺所展现出的陶瓷艺术将普通的瓷土材料转化为价值不菲的产品，现场观看刻花过程的观者更直观地感受其精妙工艺，这都说明工艺符号具有鲜明的传递信息的能力。

人类创造的所有技术，不管是简单技术还是复杂技术，都是人类应用符号的结果。在技术符号的阶段中，既有史前利用旋转装置进行玉石开孔的初级阶段，也有开发出人工智能技术的高级阶段，因此技术符号具有极强的时态性和隐喻性。在古代，外国

图5-7 清光绪时期青花海水云龙纹盖碗　　图5-8 AI青花凤凰

民众对传统中国的认知建立在以"四大发明"为代表的科技符号上，例如以"丝绸""陶瓷"等为代表的技艺符号，而"先进""强盛"等所指意义与这些事物的能指联系在一起。这些具体事物具有积极的象征意义，这些符号也使得古代中国的国家形象变得具体可感（图5-7、图5-8）。但是在数字化时代的大背景下，传统技艺符号却成为一种"传统""保守"的认知，反而成为建构现代化国家形象的不利因素。因此，建构与传播崭新的、现代化的技术符号，不仅可以展示国家的科技和创新实力，也将促进当前国家形象符号系统的形成。

5.1.5 从材料的感性体验中寻找

现代产品设计与制造可采用多元材质，从而塑造出具有独特辨识度的产品。人们主要通过产品的形态、色彩、质地及操控方式等维度感知产品并与其互动，在这一过程中，材料与形态的美学特质相互交织，形成了丰富的材质符号系统。材质符号不仅能够激发人们的情感共鸣、为人们提供审美体验，还能够使人们构建起对产品稳固且具有标识性的认知与记忆。材质符号的外延属性体现在其自然属性（如物理性、化学性）以及表面处理工艺带来的质感上，涵盖了功能性和操作性两个实用层面。在功能性方面，材质符号通过物质本身的物理、化学性能和人为加工技术展现了产品的功能特性；操作性则体现为材质的物理、化学性质在长期使用中形成的一套稳定的语义规律，使得材质自身的触感特征（例如粗糙感、颗粒感、柔软感等）、功能指向（如指示性、信息传达性、反馈性等）以及操控性能得以明确，以避免用户在使用过程中产生误解或误判。材质符号的内涵属性主要包括心理性和文化性，即材质选择能触发用户的特定心理感受与情感体验，并在材质与视觉经验、心理体验及意义诠释之间建立起稳固联系。不同历史时期、地域文化和背景下的材质选择，往往凝聚了特定的文化印记、历史意蕴和社会价值观。

材料通过自身的特点传达给人的感觉主要包括视觉和触觉，它们相互关联、相互配合并有着内在的逻辑。例如看到两块金属板，但其中一块是表面金属工艺的塑料板，如果不去亲手触摸，很难判断哪一块是金属板，这就是视觉的局限。这就是为什么挂式的空调往往采用类似金属的塑料装饰面板或者边框，挂式空调在高处，人一般无法触及，因此这样的材料选择不仅能实现视觉上的金属效果，达到装饰目的，还能节约成本。品牌营销专家Martin Linstrom在其著作《感官品牌》中指出"触觉是一种连接工具，当其他感官失效时，皮肤仍然有触觉……"当用户利用"触感"和"视觉"与产品进行互动时，产品能给予用户更真实的感受，用户能迅速得到真实的体验反馈。因此，设计产品时，除了考虑视觉效果，在触觉体验上的运用也需要引起重视。当然，不同材料所独有的味道也可以与用户进行互动，本书第2章的产品符号的表现形式一节中有具体例证。

广州美术学院张剑团队的邹沄、缪景怡同学于2023年在毕业设计中利用海绵的柔软减震、疏松多孔的特性创造了美丽的虚实变化（图5-9）。将香薰液体喷洒到扩香器表面时，通过小孔进行扩散，使香气更加芬芳迷人。多孔特性的海绵既是包装内衬也是扩香器本身。

图5-9　扩香器设计

在新的时代背景下，设计师的注意力逐渐从产品的具体功能、操控技术、成本控制等方面拓展到用户的感性层面上，注重挖掘用户的潜在诉求，不仅仅聚焦于产品的具体功能，还对产品的深层次情感体验和象征价值进行追求。因此当面对新的、更为复杂的市场环境和用户需求时，设计师需要深度探究用户的实际情感需求，通过赋予情感的设计提高用户的情感体验，使得产品体验与用户深层次需求的结合更为紧密，从而增加产品与用户的黏性。

5.1.6　从历史文物中寻找

历史文物承载着一个民族、国家的审美范式、历史信仰和民族情感，当产品与具体的历史或文化背景建立联系时，会使人获得强烈的文化认同感和归属感。一个国家的传统文化是一种无形的财富，从中形成的传统文化符号为当代各个领域提供着取之不尽、用之不竭的创作源泉。

建筑是一种信息丰富的载体，任何一个国家的建筑风格，往往都会鲜明地反映出其地域文化和历史底蕴。英国艺术理论家查尔斯·詹克斯从意识形态角度出发，将符号学概念引入其中，并视建筑语言为一种富含隐喻意义的符号体系。我国在经济快速发展时期，对文化标识性的追求尤为迫切，这导致早期建筑设计出现了大量表面化的"脸谱式"仿古建筑样式。进入21世纪后，随着国力的增长与社会变迁，我国建筑文化的表达逐渐走向多元化，展现出责任、特色、含蓄以及现代与历史交融共生的新貌。体现国家识别性的核心要素正在从单纯依赖传统文化向具有中国特色的现代文化转变。这种根植于历史积淀的设计方法，既能够有效继承和传播传统智慧，又可通过建筑这一媒介巧妙而深沉地传达一个国家的精神文明内涵与思想情感特征。伊拉克裔英国女建筑师扎哈·哈迪德（Zaha Hadid）设计的北京大兴国际机场（图5-10），融合了中国的设计元素，《山海经》有云"凤凰，见则天下安宁"，该设计采用了

"浴火凤凰"的设计理念，机场外形像一只展翅高飞的凤凰，与首都国际机场形成"龙凤呈祥"的双枢纽格局。

产品作为一种载体，同样是一种视觉语言介质，其形式能够传递丰富的信息，并承载一定的内涵与意义。通过对历史或文化有意识地进行提炼、加工、抽象变形、简化、重新组合等，可以转译出新的形体语言形式。需要注意的是，传统符号的引入旨在使人通过视觉符号对产品所要表达的意义（如历史、地方传统风格）产生联想或对比，发掘其深厚的传统造物思想，寻求产品与传统文化符号的有效契合，并与时代相融合，使产品语义适合多种文化背景的人群解读。

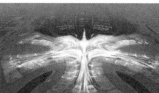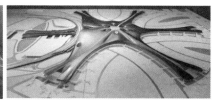

图5-10　北京大兴国际机场效果图及模型

5.2　产品语义设计原则

产品设计的关键目标是解决两个主要问题：第一，如何让使用者快速了解产品的本质和功能；第二，如何让使用者明白怎样正确操作这一产品。解决第一个问题时，人们能够运用已有的知识和符号储备，将这些元素与新产品相关联，以便理解其功能和用途。在解决第二个问题时，大多数使用者会采用试错法或查看产品说明书等方式。产品设计的语义学方法可以为解决这两类问题提供帮助。

5.2.1　产品语义元素的关联匹配

在产品设计领域中，我们可以通过形态、颜色等元素之间的对照和匹配，来帮助用户更好地理解和操作产品。

例如，咖啡机的滴漏口采用特殊的形状（图5-11），只有在正确放置咖啡杯时才能开始滴漏，这种形态对照为使用者提供了直观的使用提示。这种直观的设计不仅提升了用户体验，还降低了在使用过程中出现错误的可能性。

图5-11　咖啡机设计

吸尘器中精心设计的多样化吸
头，展示出其卓越的清洁适应性和
高效的性能（图5-12）。这些吸头
不仅考虑了形态上的对照，如平坦
地面的地板刷吸头、狭窄缝隙的缝
隙吸头，还针对柔软织物表面设计
了毛刷吸头，这些形态设计都紧密
匹配了用户在不同清洁场景下的需
求。同时，通过形态元素的精细对

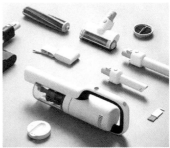

图5-12 吸尘器设计

照和匹配，使得用户能够更直观地理解每种吸头的用途，从而更加轻松、便捷地完成清洁任
务。这种产品设计思路，在提升产品功能性的同时，也极大地优化了用户体验。

智能家居产品中的触摸面板经常借助不同的颜色模块来区分不同的功能（图5-13）。通过
形态和颜色等元素设计，以及使用前的操作引导视频，用户可以轻松识别不同的功能模块并控
制各种家居设备。这种直观的设计为用户提供了更简单、更友好的产品使用体验，让他们能够
轻松地与智能家居系统互动，从而更好地享受便捷的生活。

图5-13 智能家居触摸面板设计

5.2.2 产品语义与目标群体的匹配

产品语义与目标群体的匹配性在产品设计中占据着至关重要的地位。产品语义，即通过产
品的形态、色彩、材料、图像和声音等元素，传达产品的功能、用途和价值，旨在建立产品与
使用者之间的有效沟通。目标群体作为产品所针对的特定消费群体，具有相似的需求、喜好和
行为特征。

在设计苹果（Apple）的头戴式耳机AirPods Max时，设计师首先深入研究和分析了目标用
户群体，他们精准地将目标锁定在追求极致音质体验、对设计细节有高度要求，并且注重时尚
与舒适性的消费者。为了满足这些需求，AirPods Max在形态设计上采用了独特的耳罩式造型，
流线型的外观不仅时尚大方，更确保了佩戴的舒适度（图5-14）。耳罩部分采用记忆棉材料，
经过精心调试，保证用户在长时间佩戴时也能感受到极致的舒适，不会带来任何不适。在色彩
选择上，设计师提供了包括深空灰色、银色、天蓝色、绿色和粉色在内的多种选择，这些色彩
既明亮又充满活力，与Apple一贯的简约与时尚风格完美融合，满足了用户的个性化需求。在材
质方面，经过反复试验与对比，设计师选用了高质量的金属和织物材料，这些材料不仅确保了
产品的耐用性，更为用户带来了极佳的触感和佩戴体验。在功能方面，AirPods Max更是展现出

了卓越的技术实力，它配备了高保真音频技术、自适应均衡器、主动降噪和空间音频等先进功能，为用户提供了无与伦比的音质体验。AirPods Max凭借其独特的设计、丰富的色彩选择、优质的材料以及卓越的性能，被明确定位为高端头戴式无线耳机市场的领军产品，满足了目标用户群体对音质、设计和舒适性的极致追求。

在婴儿推车设计中，必须综合考虑外观、功能和安全等因素，以确保产品与目标群体的需求和期望相符（图5-15）。针对父母最为关心的安全问题，设计时会采用坚固耐用的材料，如铝合金框架和五点式安全带，确保婴儿乘车时的稳定与安全。此外，刹车系统、防倾倒设计以及避震系统的融入都是为了提升行驶过程中的安全性，符合家长对宝宝安全的严格要求。设计时会充分考虑婴儿的生长发育特点，如座位角度可调，以适应不同年龄段宝宝的脊椎支撑需求；推杆高度可调，以适应不同身高家长的推车舒适度；还有可调节的遮阳棚，既防晒又能保护婴儿免受外界环境的干扰。考虑到父母外出时的便利性，婴儿车设计往往注重轻量化、折叠便捷性。如一键收折、自立式折叠、紧凑型设计，使婴儿车便于存放和携带，能满足家庭日常出行和旅行的需求。针对父母的不同使用场景和需求，现代婴儿车设计往往集成了多种功能，如可转换成婴儿摇篮、携带篮，甚至是可以与汽车安全座椅兼容的设计，满足从新生儿到幼儿各个成长阶段的使用需求。

由此可见，产品语义与目标群体的匹配性是一个复杂而关键的问题。设计师需要通过深入研究目标群体的文化背景、审美偏好、使用习惯以及产品定位和价值等因素，确保产品语义能够与目标群体有效匹配，从而提升产品的市场竞争力和用户满意度。

图5-14 头戴式耳机设计　　　　　　　　　　图5-15 婴儿车设计

5.2.3 产品语义与用户传统认知的匹配

在产品设计中，语义设计与用户符号认知的匹配至关重要。通过融入用户熟知的传统元素，如刻度、按钮等，能有效提升用户对新产品的理解和操作便捷性。

在电子设备的用户界面中，这种设计方法尤为常见。音响设备的控制面板上通常标有"＋"和"－"符号刻度的按钮就是音量控制旋钮（图5-16）。这一设计选择是基于用户对旋钮操作的熟悉记忆，使用户在使用时更为方便。这种符号不仅简洁明了，而且能够迅速传达功能，使用户能够快速掌握操作方法。

在台灯设计中，同样需要考虑到用户习惯和使用的便利性。台灯的开关设计应当简单直观，以便用户能够轻松地控制照明效果。常见的做法是采用易于按压的按钮或拨动开关，用户只需简单地按下或拨动开关即可实现开启或关闭台灯的操作。

在设计开关按钮时，可以运用常见的符号或文字标识，"开"和"关"等图标清晰明了，能够使用户直观地了解每个按钮的功能（图5-17）。此外，考虑到用户的操作习惯，开关按钮通常放置在用户容易触及的位置，比如台灯的底部或侧面，以便用户在黑暗中也能轻松找到并操作。

产品语义设计与用户对符号认知的匹配不仅可以降低用户的认知负担，提高产品的易用性，还可以增强用户对产品的信任感和满意度。因此，在产品设计中，设计师应充分考虑用户的认知习惯和心理需求，精心设计产品语义，以实现与用户的有效沟通和良好互动。

图5-16　音响设计　　　　　　　　　　　　图5-17　台灯开关设计

5.3　产品语义设计的基本流程

产品语义设计是产品设计中把抽象信息转化成具象设计的一种设计方法，能够将物质层面的理性信息和精神层面的感性信息，通过产品设计师的构思和创意，与艺术、科学和技术相结合，转化为人们可以使用的新产品。产品语义学的理论和方法拓展了产品设计的创意思维和创作途径，产品语义设计成为新产品开发的一个有力的设计方法。

产品本质上作为一种人工创造物，其可用性与使用价值的探索已成为设计师的核心关注点。在全球众多大学的设计学院课程中，对产品语义学的研究和探讨正受到广泛关注，其中包括美国亚利桑那州立大学、美国克兰布鲁克艺术学院、美国俄亥俄州立大学、美国萨凡纳艺术与设计学院、美国费城艺术大学、韩国首尔弘益大学、印度孟买的印度理工学院、日本东京武藏野美术大学、芬兰赫尔辛基艺术与设计大学等。产品义学与其他学科也有着深入的交叉融合，特别是人体工程学、设计管理、设计心理学等。

布鲁斯·阿切尔（Bruce Archer）是英国机械工程师和皇家艺术学院（RCA）设计研究教授。阿切尔教授制定了一个非常详尽的229步工业设计系统设计过程模型，这是一个由三个阶段组成的方法：分析阶段（编程、数据收集）、创造阶段（综合、发展）和执行阶段（沟通）。他在实践中采用了这些方法，其中最著名的应用案例成为了英国医院病床设计的标准。

英国设计委员会将创意设计过程分为四个阶段：发现（洞察问题）、定义（关注的领域）、开发（潜在解决方案）、交付（有效的解决方案）。

约翰·克里斯托弗·琼斯（John Christopher Jones）是一位威尔士设计研究员和理论家。他根据设计过程中的目的将26种方法进行分组：探索设计情境的方法（陈述目标、调查用户行为、采访用户）、寻找想法的方法（头脑风暴、形态图表）、探索问题结构的方法（交互矩阵、功能创新、信息排序）、评估方法（排名、加权）。他的设计方法是将理性和直觉结合起来，他的著作《设计方法：人类未来的种子》被认为是设计方法的主要教科书。

奈杰尔·克罗斯（Nigel Cross）是英国学者、设计研究员和教育家，也是英国开放大学设计研究名誉教授。克罗斯教授拓展了设计学科的设计思维和设计认知的概念。克罗斯教授提出并归纳了产品设计过程中的八个阶段，每个阶段都有一个相关的方法：识别机会——用户场景；澄清目标——目标树立；建立功能——功能分析；设置要求——性能规范；确定特性——功能部署；生成方案——效果图；评估方案——加权目标；改进细节——完善整体。

美国俄亥俄州立大学工业设计系的莱因哈特·巴特教授提出了产品语义设计的八个步骤，大致分观察研究、框架（模型）建立、转换应用三个阶段进行。

综合多位学者关于产品语义设计方法的理论观点以及对设计案例的分析，笔者梳理、总结了产品语义设计的大致步骤，如图5-18所示。

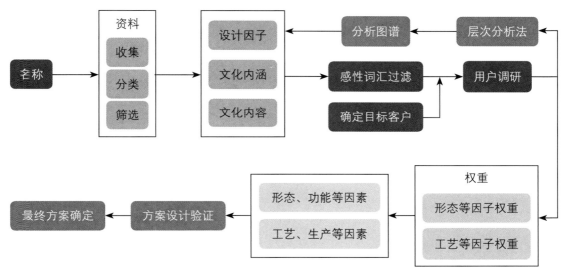

图5-18　产品语义设计步骤

5.3.1 明晰目标

克利本道夫（Krippendorff）提倡设计师在产品的整个生命周期中都要关注其定位问题。产品从最初的概念构思开始，历经设计、工程开发、生产制造、市场销售、实际使用、储存保管、维护保养等阶段，直至最终的回收处理或报废废弃。作为设计师，全面洞悉产品的目标定位、非预期用途、可能出现的意外情况及其社会影响至关重要，这些都将为下一代产品的改进设计提供有益参考。因此，在设计初期阶段，设计师须明确设计目的，并首先应对以下核心问题进行深入思考和解答：它是什么？它的用途？我们在解决什么问题？我们想要达到什么目标？

回答这些问题有助于设计师从整体上理解产品的用户体验，而不仅仅是设计的交互（感觉）或视觉（外观）部分。产品设计最重要的阶段之一实际上是在设计过程开始之前完成的。明确解决方案的界限将有助于在制作产品时保持专注。只有在回答了这些问题之后，才能够着手寻找问题的解决方案。应在产品规划阶段设定产品功能的范围，包括某些限制也需要明确，这样聚焦设计目标有助于精准地定位用户群体（图5-19）。

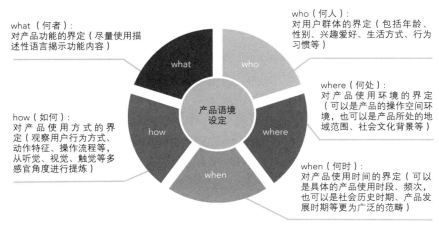

图5-19　产品语境的设定

5.3.2　使用情境

情境（situation）指的是人参与活动的特定场景、环境所构成的内外部环境。人类是在一定的社会环境和自然环境中开展活动的，凡有人类活动，就存在情境，脱离情境的活动是不存在的。根据这个原理，产品语义的表达需要在一定的情境背景下才能开展。情境与产品的关联，就是产品在其本身与人、自然、社会相联系时所呈现的交织样态。产品是产品系统与外部环境之间的交互过程，是社会信息的综合物化反映。德国美学家韦尔施认为，今天的消费者去商场购物，"实际上不在乎获得产品，而是通过购买使自己进入某种审美的生活方式"。因此对产品设计的要求不仅是需求的物质转化，同时也是需求的情境转化。

在设计流程中，设计师应将待开发的产品置于一个包含人、产品与环境的综合框架下，进行深入观察、前瞻性预测、创新性想象和情境分析，以辅助企业决策者发掘商业机遇，并评估概念产品的可行性及潜在生产价值，同时为设计师提供丰富的灵感来源和坚实的设计依据。因此，在前期阶段，设计师应当进行全面详尽的研究调查，随后针对典型用户模型细致描绘生活场景，并运用"情境故事法"来开展设计方案。所谓"情境故事"，是指设计师通过亲身观察与体验，编织一个富含情境的故事，从而构思出适应用户需求的理想产品形态（图5-13）。

每一个实体产品背后都蕴含着一段故事，设计师通过深入剖析这些故事情境，有助于在重新构建实际使用情境时把握关键要素。通过对目标用户的深入了解，设计师能借助虚构故事的形式模拟未来产品的应用场景，包括具体的使用背景、环境条件以及对象特性，并通过撷取不同时间、空间场景下的快照信息，探究人、环境、产品及活动之间的交互关系。这一步骤旨在指导设计师从用户的真实反馈中提炼有效信息，验证设计主题的适用性，进而对产品设计做出相应的调整和完善，引导整个产品开发进程。总之，情境故事法是一种利用创设情境故事和设想使用情境来模拟并指导产品开发过程的方法，其核心原则在于始终坚持"以人为本"。

围绕角色讲故事的真正目的是通过"真实的故事"来解析"合理的流程"。但情境故事法也有它的局限性。当设计者使用情境叙事方法对未来可能发生的事件进行预测性描述时，由于数据不完整或个人主观理解差别，情境叙事方法可能过于理想化，致使产品与用户实际需求产生偏差。因此，设计者开展操作情境叙事法时应尽可能地贴合实际、还原现场，以真实客观的情境作为创意的依据，利用故事板的方法描绘交互场景（图5-20）。故事板作为一种图形化的叙事工具，由一系列按时间顺序排列的插图或图像单元构成，它在设计领域中被广泛应用于预构和可视化各

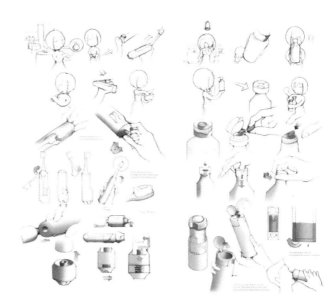

图5-20 故事板描绘

种场景、影视制作、动画创作、动态图形项目等情境。其独特之处在于能以直观视觉语言生动描绘用户与产品在真实环境中的互动过程，使设计师直面并精准把握用户的实际需求。在产品设计过程中大规模运用故事板技术，有助于在开发阶段对人、产品以及环境三者之间的交互进行高保真模拟，确保设计方案贴近真实的使用情境，从而优化产品设计决策及方向。

5.3.3 获取样本

这个阶段需要通过拍照等记录手段对样本资料进行大量收集和整理，从上一个步骤中会得到一系列具有各种属性特征的关键语义词汇和视觉图像。因此有必要对其进行归纳和分类，从收集的样本中挑选出最具有代表性的词汇与图像，同时对其重要性进行大致排序。在此基础上，积极寻找语义的"原型"，进一步将概念属性进行特征性的视觉转换。

西安理工大学的钦松在Design Factors Extraction and Application of Five Dynasties Yaozhou Porcelain Decoration一文中，以五代时期耀州窑器物上的莲纹图案为基因提取的实例，收集资料并提取形态，通过定性和定量相结合的方法，挖掘五代耀州窑陶瓷纹饰隐匿的信息，选取18个五代耀州窑器物代表莲花纹饰，基于语义差分法分析形态评价，从它们的风格化传承与隐性基因部分中提取设计因子模型，用以指导耀州窑文化创意产品设计。

首先，根据实验对象设计建立感性词汇资料库，根据前期研究对影响纹饰特征的因子按权重排列，依次分为构图、主题、结构、线条。通过向相关专家请教探讨和对大量五代时期耀州窑陶瓷纹饰素材的分析研究，列举出40项影响纹饰的风格传承特征。从中挑选相关的形容词汇，去除与实验目标不相关或意义相近的形容词，从情感因子、形态因子及构图因子中选择12组形容词对，每个因子各有4组，见表5-1。

表5-1 意象形容词对

类型	情感因子	形态因子	构图因子
1	奔放-细腻	饱满-纤细	清劲-雄健
2	强烈-严谨	优雅-质朴	简洁-复杂
3	张扬-内蕴	富丽-清新	生动-自然
4	活泼-严肃	刚健-灵动	流畅-生硬

莲纹作为五代耀州窑青瓷最典型的纹样之一，形态上以五瓣、六瓣、七瓣最为多见，还有十二瓣以至更多的形态，莲瓣宽胖圆润，纹样布局规整，在宋代早期仍继续使用，但形状变得削瘦，之后便较少见到。该文收集五代时期的莲花纹样构成样式，将莲花纹按编号分为18种形态，编号为p1～p18，并对其分别进行艺术特征及内涵象征的分析，而后研究其纹样构成要素的继承关系，提取纹样基因，如图5-21所示。

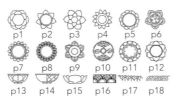

图5-21　五代耀州窑莲花纹饰样本

p1—黄堡窑址；p2—黄堡窑址；p3—黄堡窑址；p4—平泉小吉沟辽墓；p5—定州静志寺塔基；p6—法库叶茂台M22；
p7—耀州窑博物馆藏；p8—陕西历史博物馆藏；p9—耀州窑博物馆藏；p10—陕西历史博物馆藏；
p11—印莲瓣（床金沟M5盏托）；p12—黄堡窑址；p13—黄堡窑址A型Ⅳ式盏；p14—法库叶茂台M7；
p15—莲瓣纹（叶茂台M7碗）；p16—莲瓣纹（叶茂台M7盖碗）；p17—黄堡窑址模印莲瓣；p18—黄堡窑址贴塑模

5.3.4 语义提炼

语义提炼是一个演绎过程，是一个循环的认知过程。它最初由一些复合繁杂甚至是不能理解的概念开始，这些复合的信息不断在不同情景中相互关联交织，在这个阶段中常常使用层次分析法和分析图谱等方法分析统计代表性样本，在此过程中，通过这样的定性和定量相结合的方法，可以挖掘目标对象的隐匿信息。产品特征也从语义内容和对模型赋予的意义之间区分出来。然后经过不断的选择、斟酌、比对、筛选，得出参考阈值等设计因子。设计因子又包含形态因子和色彩因子等诸多显性因子和隐性因子，将这些设计因子聚集到一个有效、紧凑的范围，基于调研数据，运用层次分析法、分析图谱等方式计算出设计因子权重，为最终方案的再设计和优化打好基础。

设计因子提取方法是目前工业设计领域非常有效的一种设计方法，可以将隐含的文化、艺术、人文、情感等因素进行量化和显性。不同于传统产品的设计思路，运用这种方法可以清晰提取目标特征，构建翔实的设计因子数据库，这是较为新颖和值得推广的一种科学设计的手段。西安理工大学的钦松在《面向数理形态视角下唐代宝相花纹饰的参数化产品设计与实践》一文中，发现唐代宝相花纹饰由不同种类的因子组成，主要是显性的形态因子、色彩因子和隐性的意蕴因子等，可以对其中的花瓣形态、构图类型、元素比例等因素通过归纳进行挖掘和捕捉，进而抽象、变形、重组（表5-2）。

表5-2　设计因子提取的基本层次分析结构

图片	名称	类型	花瓣形态	花瓣提取	色彩因子	意蕴
	唐三彩宝相花纹盘	陶瓷	侧卷瓣		R:176 R:176 R:27 R:245 G:119 G:121 G:44 G:221 B:76 B:67 B:54 B:177	佛教世俗，精巧雅致，吉祥如意
	敦煌第31窟	藻井	侧卷瓣		R:125 R:188 R:110 R:47 R:232 G:118 G:177 G:87 G:15 G:228 B:63 B:148 B:73 B:11 B:224	佛教，崇高博大，高贵圣洁
	敦煌第217窟	背光	对勾瓣		R:125 R:27 R:115 R:78 R:129 G:118 G:44 G:48 G:91 G:137 B:63 B:54 B:33 B:57 B:130	佛教，法度严谨，精巧细腻
	长沙窑青釉褐绿彩莲花纹碗	陶瓷	对勾瓣		R:146 R:136 R:66 R:21 G:121 G:87 G:36 G:42 B:72 B:27 B:16 B:54	世俗，潇洒简洁，舒畅自然
	唐代金银器鎏金飞狮宝相花纹银盒	金银器	对勾瓣		R:198 R:174 R:200 G:156 G:157 G:171 B:33 B:107 B:62	宫廷，尊贵雍容，绚丽美艳
	本正仓院藏唐代宝相花琵琶锦袋	锦袋	云曲瓣		R:245 R:163 R:210 R:27 R:140 R:90 G:221 G:98 G:178 G:44 G:30 G:120 B:177 B:53 B:135 B:54 B:25 B:130	宫廷，华贵富丽

　　层次分析法（AHP）是提取设计因子较为常见的方法。在决策理论中，层次分析法是一种基于数学和心理学的组织和分析复杂决策的结构化技术。它由萨蒂（Thomas L. Saaty）在20世纪70年代提出，从那时起，它便得到了广泛的研究和完善，并成为量化决策权重的一种准确方法。层次分析法能够借助多元评价标准，将原本定性的决策问题有效地转化为可量化分析的形式。该方法的核心步骤在于建立一个称为层次分析矩阵的工具，通过这一矩阵可计算出各个设计因素的相对权重。构建矩阵的数据来源于对用户需求进行系统调研所获得的数据，充分体现了设计应以用户实际需求为导向的基本原则。层次分析法尤其擅长处理复杂的决策问题，特别是那些包含主观性较强的感知与判断维度的问题。在面临难以量化的决策要素，或是团队内部由于专业背景、术语差异和观点不一致导致沟通受阻时，该方法能发挥其独特优势，提供有效的决策支持。

5.3.5　语义整合

　　语义整合理念与产品整合策略有所不同。产品整合主要是指一种将原本零散且相互独立的产品元素通过战略性的产品开发及设计手段联结起来，构建成为一个彼此关联、协调统一的产品群组的过程。而语义整合，则是对各类在语义层面上具有潜在价值的要素符码进行评估、筛选与有机整合，进而创建一个能够体现深层含义和象征意义的表现性符号系统。在此过程中，设计者会精心选取并合理搭配一系列符码元素，形成一个由内而外、秩序井然的整体结构，从而构建起一套完整的意义传达体系。尽管两者的方法论有所差异，但它们均体现了系统设计思维对于处理复杂问题的有效性，旨在合理规划并有序组织多元化的组件及其构成的系统架构。

四川美术学院的张田田、皮永生在《乡村振兴下的"手工艺+农产品"整合创新设计研究》一文中提出"手工艺+农产品"整合创新的AAC模型建构，AAH模型由A-前功能、A-后功能、H-乡愁文化三个部分组成（图5-22）。在模型中包括两层符号系统，第一层符号系统中"前功能"（所指）是手工艺作为农产品包装的包装功能，"后功能"（所指）是将手工艺包装作为家居产品融入生活继续使用的产品功能。叠加后构成的"手工艺+农产品"的创新设计作为第二层符号系统中的所指，从而召唤出乡愁文化的内涵（所指），产生新的特色商品（符号）。从该模型的构建可以看出这几者之间相互结合、相互叠加，整合构建是一种系统策略，将散乱发展成为相互之间有关联的群体整合关联产品群，就会产生系统规模效应，不仅在功能要素上具有独立性，也在"前功能"与"后功能"的融合中整合创新，获得了提升农产品价值的新路径。

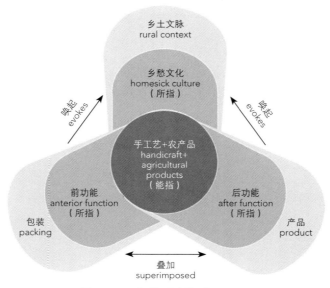

图5-22 "手工艺+农产品"的AAH模型

5.3.6 设计评价

产品作为人造物，基本上都与人直接或者间接产生互动。目前，设计评价的研究主要通过客观生理测量和主观心理量化两个方法实现。客观生理测量法主要利用仪器设备如功能性磁共振成像（fMRI）、脑电图（EEG）、脑磁图（MEG）等技术测量心电、心率、呼吸、皮电、肌电、皮温、血容量（BV）以及荷尔蒙水平等其他生理数据，测量被试者的生理变化，进而反映对设计对象的态度。三观心理量化法需要目标消费者的参与，主要使用问卷调查、心理量表等获取被试者的反馈心得，进而得出对设计对象的感性认知，最终在此基础上进行深化和修改。当然也需要评估技术实现的可行性和制造等方面的配合度，包括成本、技术、制造、市场等多个方面。只有通过这种多角度、全方位的分析和研究，才能综合确定设计方案的可行性。

戴森supersonic吹风机在设计与研发过程中，完美融合了客观生理测量和主观心理量化两种评价方法，确保了产品在技术创新与用户体验之间达到平衡，成为高端美发工具市场的标志性产品（图5-23）。在客观生理测量中，戴森工程师利用先进的热成像技术、风速测试仪和声音频谱分析仪，对supersonic吹风机在不同温度、风速设置下对头发和头皮的影响进行细致测量。通过这些生理层面的测试，他们确保吹风机能快速干燥头发而不会造成过热损伤，同时优化风力分布，减少头发静电，保护头发健康。此外，进行声音测试，确保吹风机在高功率运行时依然保持低噪声，减少使用时的不适感。在主观心理量化方法中，戴森团队广泛收集目标用户对吹风机外观设计、握持舒适度、操作便捷性的主观反馈。通过在线问卷、用户访谈和产品试用后的满意度调查，运用心理量表评估用户对产品的情感反应和使用满意度。例如，设计团队了解到消费者对于轻量化和美观设计的偏好，因此在supersonic的设计中采用了符合人体工程学的把手设计，并采用高端材质与现代感十足的外观，提升了产品的审美价值和用户自豪感。在技术可行性和制造配合度评估中，戴森深入评估了其专利数字马达技术的可靠性和成本效益，确保这一核心技术创新能够在大规模生产中实现。同时，与供应链伙伴紧密合作，选择高质量材料并优化制造流程，确保产品质量与生产效率。市场分析和成本控制也是关键环节，确保了产品在高端市场上的竞争力和利润空间。

图5-23　戴森supersonic吹风机

5.4　语义学的设计方法

产品语义包含显性部分和隐性部分，在部分情况下也需要使用特殊的手法让人领会，而不能直接表达出来。因此设计师将会借助各种特定的手法突出设计语言的符号特征，这有助于设计师开阔思路、启发灵感，创作出有新意且为人所理解和欣赏的产品。

5.4.1　强调——重复与多余

当我们在看到某个产品时，会不自觉地受到产品的形式、颜色、纹理等视觉元素的影响，这些元素被设计师合理运用，用来传递产品的信息和特点。因此在产品设计中，设计师经常使用重复和多余的方式，来增强产品的视觉效果以及传递信息。

重复和多余的方式可以让产品在不同部位反复出现某个基本图形的节奏，从而以叠加的形式强烈地传递信息给观者。例如，设计师通过将一个小型的圆形元素反复放置在产品的不同部位来增强产品的整体协调性。这种手法还可以被称为"母题重复"，它能够让观者对产品产生深刻的、难以忘怀的感受和印象。

除了增强产品的视觉效果外，重复和多余的手法还可以帮助人们记忆产品信息。在每次重复学习中，人们会在原有印象的基础上，不断补充增加新的特征元素，从而对其加深印象。符号的不断重复也可以起到同样的效果，因此设计师可以采用重复和多余手法来增强产品符号的记忆效果，使人们更容易理解和接受。

不仅如此，重复和多余的手法还可以帮助设计师打破创新的局限。新的、不为人所熟悉的符号也可以通过反复强调和重复使用来建立起新的印象和特征联系，最终被人理解和接受。在产品设计中，设计师可以采用一个独特的图案作为产品的主题，并将其重复在不同的材质、颜色、纹理等元素中，从而创造出独特的产品特点和视觉效果。路易威登（Louis Vuitton）的经典Monogram图案就是一个显著的例子，它采用了一个独特的、由花卉和"LV"字母交织而成的图案作为品牌的主题标识。这个图案不仅在品牌的各种皮具产品（如行李箱、手袋、钱包等）上重复出现，而且采用不同的材质，如帆布、皮革、PVC等。在颜色方面，除了经典的棕黄色调外，还推出过黑色、白色以及其他季节限定色彩版本。在纹理方面，既有光滑平整的表面，也有经过特殊工艺处理形成的独特肌理感。通过这些变化与创新，路易威登成功地将一个始于19世纪末的图案元素延续至今，并不断焕发新的生命力，创造出极具辨识度的产品特点和视觉效果，这使得Monogram图案成为时尚界中最具代表性的设计符号之一（图5-24）。

图5-24　LV的产品

综上所述，重复和多余的手法在产品设计中扮演着重要的角色。它们可以增强产品的视觉效果，传递产品的信息和特点，帮助人们记忆产品信息，以及创造出产品的特点和视觉效果。设计师应该熟练运用这些手法创造出更具吸引力、更易于被接受的产品。

德国设计师Sebastian Scherer创作了一系列名为"等边（isom）"的六边形玻璃桌作品，这些桌子整体采用厚度为10毫米的玻璃材质打造而成，并备有蓝色、灰色、绿色及青铜色四种选择（图5-25）。每张

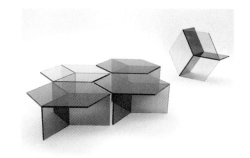

图5-25　等边玻璃桌

六边形桌面由三片长方形玻璃面板支撑构建，独特的设计使得从上方视角观赏时，仿佛看到一个立方体的视觉幻象。当多张这样的桌子相互拼接组合时，更会形成叠加层次的效果，进一步

强化了桌子的空间立体感。

Globe Garden椅是挪威设计师Peter Opsvik的代表作之一，他设计了很多极富个性的椅子，因此被称为"世界上最懂椅子的人"。这款椅子高1.7米，由弯曲的木条固定在一起形成基座，每个木条的顶端都有一个圆球，从外观上看它就像一棵充满童趣的树（图5-26）。这些圆球分别给予后背、扶手、颈部甚至脚底以支撑，让人坐上去可以随意变换姿势，且始终都能感受到身心的放松。

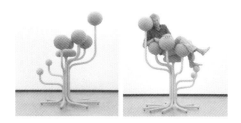

图5-26　Globe Garden椅

5.4.2 引用——新旧结合

引用设计是将具有特定历史、文化意义的部件或材料从原来的系统中截取出来，与新的目标产品结合，创造一种新旧结合的感觉的手法。它是一种意义符号的自然引用，旨在创造一种有意义的自然链接，而非为了创造某种新奇的效果。

在产品设计中，引用设计可以使产品具有历史和文化内涵，增强产品的可识别性和个性，并能引发消费者的情感共鸣和认同感。通过引用设计，设计师可

图5-27　阿铂尼效果图

以将民族传统或历史经验融入产品设计中，使产品具有特色符号和民族地方特色，从而提高产品的文化内涵和附加值。

然而，引用设计并不意味着简单地照搬或挪用，设计师应该在引用历史、文化片段的基础上，加以变形、改变位置、与材料或概念相组合，体现一种时代精神，表达设计师的创造性，使得过往的传统语言和历史能再次复兴。

当代设计中，引用历史和文化元素的手法成为一个常见的创意策略。通过将具有特定历史、文化意义的元素从原型整体中截取出来，与新的设计元素结合，可以创造出一种新旧结合的感觉。这种手法并非为了创造某种新奇的效果，而是为了创造一种有意义的自然链接，从而将历史和文化传统延续下去。例如，隈研吾在材料选用上展现出独特的创新性，巧妙地融合了传统与现代元素。日本建筑风格深受神社建筑影响，惯于优先采用木材、石材等自然素材。隈研吾在设计过程中，在尊重自然理念的基础上，综合考量建筑与环境的多维度因素来运用材料，并从三个方面着手对建筑材料进行独创性运用：深入挖掘材料本体特性，诠释自然与传统材质的美学表达，并在精挑细选中融入现代建材元素。以隈研吾设计的温哥华阿铂尼住宅塔楼（Alberni）为例（图5-27），在摩天大楼林立的时代背景下，他探索如何实现建筑与自然环境之间的和谐共生关系。在此项目中，隈研吾创造性地在室内设计中运用混凝土柱体包裹木质饰面，旨在减轻混凝土等现代材料可能引发的空间压抑感，柔化硬质材料给视觉带来的生硬感受。整体建筑设计上，矩形主体结构中嵌入弧形切口和不规则造型元素，外露部分着重展现了弯曲的立面线条与三维棋盘格状木质框架。这种别具一格的设计手法既考虑到与周边环境的整体协调性，又充分顾及用户的视觉体验，力求使人们在观赏时获得舒适与满足之感。

在富含民族传统和历史积淀的产品设计中，特色元素是最直接的表现形式。这些特征符号不仅涵盖了产品形态层面直观的识别标志，还包括蕴含民族及地域特色、历史底蕴的设计手法和比例关系。在全球化进程中，尽管某些设计中的符号系统可能会因交流融合而削弱自身独特性和可辨识度，但设计师采用的设计语言与表达方式却仍能体现出强烈的民族文化特性。

来自不同文化背景的设计师在设计理念上往往存在差异。欧洲设计师倾向于强调特征化、典型化的形象塑造以及个体造型的艺术提炼与再现，正如法拉利作为意大利的豪华跑车品牌，其产品设计充分展现了特征化和典型化的形象塑造。如标志性的"跃马"徽标、流线型车身线条以及独特的空气动力学设计，都彰显了法拉利品牌对速度与力量的艺术提炼和再现。每一款法拉利车型都具有强烈的个性特征和高度辨识度，体现了欧洲设计师对个体造型艺术表达的精湛技艺（图5-28）。而中国设计师则更关注气势与意境的传达，注重通过建筑群体的空间艺术效果来渲染整体感染力。中国国家馆（又名"东方之冠"）是2010年上海世博会期间由中国设计师何镜堂院士主持设计的建筑作品，其设计理念注重气势与意境的传达（图5-29）。整个建筑以中国传统元素为灵感，通过象征国之重器的斗拱造型、红木色调以及与周围景观和谐相融的空间布局，营造出庄重大气且富含文化底蕴的整体效果。设计师巧妙地运用现代建筑设计手法，将中国传统文化精神内涵融入空间艺术表现之中，成功展现出建筑群体带来的视觉震撼力与文化感染力。因此，在设计实践中，提取并运用的符号应体现时代精神，将其作为设计师展现创新思维的一种积极手段，而非仅仅追求的目标本身。

图5-28　法拉利跑车　　　　　　　　　　　图5-29　东方之冠（中国国家馆）

当借鉴历史文化和传统元素时，需结合实际情况进行创造性转化，如对原有元素进行变形处理、位置调整、材料替换或概念重组等操作。如此一来，不仅能赋予传统符号以新的生命力，使之在新产品与历史遗存之间建立联系，还能推动

图5-30　榫卯替换笔

设计师在符号引用与原创设计之间探寻创新点，最终创作出更具时代感和创新价值的设计作品。

最具创新性和持久性的设计植根于简单和传统。韩国设计师Jaewan Park创作了一款名为Tsugite的铅笔（图5-30），它利用榫卯方法来替换即将用尽的铅笔尖，木材的每一端与其对应的木材端通过滑动连接在一起，就像插头插入插座一样，无需钉子即可将木材连接在一起。铅笔身经过精心设计，形成一个箭头形的末端，连接成一个马蹄形的铅笔尖。若铅笔的笔尖太钝而无法使用，仍然可以使用原本的笔身，并且可以连接另一个笔尖。

5.4.3 重构——变形和解构

符号的变形和解构是一种常见的设计手法，在各种艺术形式中都得到广泛应用。这种手法可以通过打破常规、重新组合符号等方式来引人注意，从而引起人们的深思和探究，延长其观赏时间和接触时间。在建筑设计中，变形和解构也是一种非常流行的手法，可以让建筑物更具有创新性和艺术性。

解构主义建筑是一个很好的例子。这种风格的建筑通常打破了传统建筑的规则和限制，采用非常独特的形式和结构。解构主义建筑通常以平衡感为特征，使用非对称的形式和材料组合来达到视觉上的独特效果。它们常常会使用非常简单的几何形状，比如立方体、三角形和圆形，来创造出一个非常抽象的空间。

这种建筑风格的代表作品包括法国的蓬皮杜艺术中心（Centre Pompidou）（图5-31）、美国的约翰·汉考克大厦（John Hancock Center）（图5-32）和英国的伦敦现代艺术馆（Tate Mcdern）。这些建筑都采用了非常独特的设计元素，比如不规则的形状、曲线和交错的线条，从而创造出一个充满艺术性的空间。

总的来说，符号的变形和解构是一种非常有创造力的实用设计手法，可以在各种艺术形式中得到应用，特别是在建筑和产品设计中。通过打破常规和重新组合符号，可以创造出非常独特和有趣的设计，使观众产生更多的思考和联想，从而更好地欣赏和理解这些作品。

符号是一种传递信息和表达意义的工具，在设计中起着至关重要的作用。然而，随着时间的推移和文化的变迁，一些符号在新的时空环境下失去了原有的信息，甚至失去了本义，因此难以引起人们的关注。

为了让符号重获活力，设计师开始尝试使用变形和解构的手法，通过打破原有的结构和形态，重新组合和演绎符号，从而创造出符合当下文化、审美的设计语言。在建筑设计中，设计师可以使用解构主义的手法，将原本规则和刚性的建筑结构打散并重新组合，形成更加自由和多样化的建筑形态。例如，美国建筑大师弗兰克·盖里设计的迪斯尼音乐厅（图5-33），是比较具有代表性的解构主义建筑。建筑呈现出一种弯曲、扭曲、变形的形态，造型夸张新奇且支离破碎，是典型的解构主义风格。

图5-31　Centre Pompidou　　　图5-32　John Hancock Center　　　图5-33　迪斯尼音乐厅

变形和解构并非简单的视觉效果，更重要的是它们能够引起人们的注意和思考，使人们对符号的本质和内涵产生更深刻的理解和认识。同时，变形和解构还可以为设计注入新的生命力和活力，使设计更具有创意性和艺术价值，从而为人们带来更加丰富和有趣的体验。

日本设计师川久保玲著名的"Broken Bride"（破碎新娘）系列中的几件作品（图5-34），受到维多利亚时代的服饰的启发，乳白色的裙子错综复杂，模特的头饰则是纸做成的花。这

图5-34　"Broken Bride"系列

图5-35　"一块布"系列

些设计既有传统的浪漫，也有现代感十足的非典型轮廓。

三宅一生注重服装的流动性特质，视面料为服装的"精髓"，其设计作品始终遵循无固定结构的理念，即无形之中蕴含着丰富的形态。他擅长通过解构、重塑和重新组合面料的方式，创造出令人惊叹且富有深度的结构，同时赋予作品宽广而华贵的气息。例如，他在20世纪70年代推出的"一块布"系列（图5-35），如同直接将一床毛毯裹于身上，这一设计在传统服饰领域实现了大胆创新。

三宅一生曾表示："我的服装并不追求西方时装那种预设的造型。"他惯于运用折叠、延展和平面包裹等手法来减少剪裁，最大限度地释放衣物对身体的束缚，这不仅是对西方结构主义强调体型塑造方式的一种颠覆，同时也是对日本设计哲学的一种继承与发扬。

5.4.4　易位重构——打散旧关系、重组新关系

易位重构是一种组织结构成系统秩序的创新过程，它打破了原有系统的部件组合方式，通过打散和重新组合部件，形成全新的系统。这种重组可以改变原有部件之间的相互关系，改变它们的位置和角色，最终获得一种新的关系和秩序。组合

图5-36　重塑汽车座舱概念设计

关系的变异是重构的核心，因为它比单独部件的变异更加多样和巧妙。例如，全球最大的汽车零部件制造商之一麦格纳在2004年开创性地推出了可重新组合的座椅技术，突破性地在一款克莱斯勒微型车上应用了新型的座椅和存储系统（图5-36）。麦格纳发布的全新的车内座舱构想，展示了在新的出行生态和自动驾驶环境下，创新座椅技术为乘客带来的无限可能性。座椅的布置将在创造可灵活配置的车内空间方面发挥越来越重要的作用。从运送货物、在长途汽车旅行中交流互动，到在共享出行的行程中提供移动的会议空间等场景，麦格纳正致力于开发可重新组合的座椅解决方案，重塑汽车座舱概念。

这种重组的方法被称为改变关联域，它在心理学中有着很重要的地位。整体的某一部分的含义与其关联域密切相关，关联域的改变可以导致含义的变化。因此，在组织各部件时，可以通过改变它们的关联域，为它们创造出更加富有意义的组合方式。在这样的重构中，原本熟悉的事物被放置在不同的关联域中，从而给人一种既新鲜又熟悉的感觉。

5.4.5 尺度或比例重构

缩小或放大原有部件的尺度和比例，可以改变产品的整体感觉，营造出一种新的意境。这种方法被广泛应用于产品设计领域。例如，一些设计师通过缩小产品的尺寸，使其更加便携，例如迷你音箱、迷你投影仪等（图5-37）。而在其他产品中，设计师也会通过放大部分元素的比例来强调其特殊功能或美感，例如超大屏幕电视、超大号手表等

图5-37 Beosound A1迷你蓝牙音箱　图5-38 小米电视大师86英寸Mini LED

（图5-38）。在使用环境方面，缩放部件的尺寸和比例也可以让产品更加适应特定的使用场景，例如折叠椅、可拆卸式桌子等，这些产品可以轻松适应不同的环境和需求，给用户带来更加便捷和舒适的体验。因此，缩放部件的尺寸和比例是产品设计中一种非常有利的手段，可以为产品带来全新的感受和意境，提升用户的体验感和产品的使用价值。

5.4.6 材料重构

材料重构法具有简单易用且效果显著的特点，广泛应用在产品设计领域。缩小或放大原有部件的尺度和比例可以使特定的产品整体或使用环境产生一种新的意境。设计师欧金尼·奎特勒特（Eugeni Quitllet）为卡特尔（Kartell）精心打造的"Light-Air lamp"灯具（图5-39）是一个绝佳的设计实例。该灯具巧妙地使长方形透明有机玻璃框架与灯罩材料形成对比，营造出一种轻灵通透的视觉效果。这种精妙绝伦的设计手法有力提升了产品的视觉冲击力，往往能够给观者留下深刻且持久的印象。

图5-39 Light-Air lamp

5.4.7 裂变重构

将原有的事物进行分解、变异、重新组合，可以创造出全新的意义和形式，这是设计中常用的一种方法。例如，设计师将传统的花瓶进行分裂，通过异化将其置入一个新的系统之中，创造出具有强烈视觉冲击力的新作品。这种设计方法可以打破人们对传统花瓶的旧有认知，给人以全新的感受和体验。这种方法在设计中被广泛应用，能够凭借新信息的刺激强度，让人们在感知和体验上得到更新和提升。

5.4.8 叠合重构

将原本独立的部件通过叠合、重组等方式形成全新的形态是一种常见的设计手法，其具有独特的审美效果和文化价值。例如，荷兰设计师马丁·巴斯（Maarten Baas）在其Smoke（烟）系列家具作品（图5-40）中，通过独特的创作手法对常规家具进行焚烧处理，使其表面烧蚀后暴露出内部结构，接着在烧焦的骨架表层涂覆环氧树脂，从而将其转化为实用的家具。这一过程使得这些家具呈现出仿佛历经时间和火焰洗礼后的沧桑感，生动传达出时间流逝与历史积淀的意蕴。

丹麦设计师维纳尔·潘顿（Verner Panton）标志性的设计潘顿椅（图5-41），其创新之处在于通过巧妙地层叠多个弧形元素，构建出了一种流线型的现代美学形态，完美体现了现代主义风格的简洁与流畅特质。

图5-40　Smoke系列家具　　　　　　　　　　　　图5-41　潘顿椅

这些设计作品的重要意义在于，它们通过变形、解构等方式打破了传统的设计模式，创造了全新的审美语言和文化符号，使得人们的审美经验和文化认知得以丰富和更新。

5.5　寓意——象征与隐喻

产品语义的塑造手法与感受表达是设计中一个非常重要的方面。当设计师想要表达某种含义时，直接使用象征手法可以让人们更容易理解。这样的设计手法不仅能让人们感受到产品的美学价值，同时也能让人们更好地理解和欣赏产品所代表的文化和精神内涵。

图5-42　宠物骨灰盒Petdio

2019红点奖获奖作品宠物骨灰盒Petdio是一款带有灯光的触摸感应骨灰盒（图5-42），盒子以猫和狗的形态为外形，当人们触摸盒子的时候会触发灯光。该设计旨在帮助宠物主人减轻失去宠物的痛苦，当想念宠物时，他们可以通过灯光互动的方式来抒发怀念之情。死亡一直是一个严肃的话题，我们很少愿意去谈论它，但是这个设计用一种很温馨的方式让我们去怀念逝去的宠物。

哈萨克斯坦的"GOOD"设计机构设计了一系列引人遐想的香水产品（图5-43）。该设计机构使用大自然的独特实物元素为ZEN香水创作了形象生动、极富环保意识的香水瓶，能让消费者在使用时沉浸在安宁与和平的感受之中。设计的概念基础就是如何利用自然实物的形态合成香水包装。

大蒜调味瓶是一种用于收纳和储存调味料、香料和各种烹饪调味品的创意解决方案，其外观设计灵感来自大蒜球茎的优雅形状（图5-44）。这款厨房配件可容纳六个容器，可存放固体、液体、粉末状等多形态调料，旨在容纳用于多种菜肴调味的不同产品，以适应每个国家的不同烹饪传统。包装设计的灵感来源于大蒜皮，制造时只使用天然和可生物降解的材料，符合可持续性理念。

图5-43 香水产品　　　　　　　　　　　　　图5-44 大蒜形态的调味品

5.6　抽象——深奥与诠释

抽象化是一种将事物简化、提取其最本质特征的方法，通过具象符号或自然符号的提炼与简化，使事物变得单纯易懂。这种设计手法往往有着更多的艺术感染力，能引发观者的联想与想象。在审美领域中，人们对于过于熟悉的具象事物并不感兴趣，而过于抽象的事物又难以理解。因此，许多设计师都在追求新奇的同时，注重在可感知的具体程度和可启发想象的抽象程度之间取得平衡。

优秀的设计师通过抽象化的手法，打造出一系列充满魅力的设计作品。例如文丘里的富兰克林纪念馆、汉斯·瓦格纳的"中国椅"、苹果的iPod以及喜多俊之的"hana"西餐餐盘，它们都展现了设计师在抽象化处理上的才华。同时，在建筑设计领域中，赫尔佐格和德梅隆事务所设计的普拉达东京旗舰店、福斯特设计的首都国际机场T3航站楼、苏州博物馆新馆屋顶部分的三角形，都是通过抽象化手法达到了独特的美学境界。它们通过简洁、精练的形式，表达出了设计师对于生命与静穆的观照，赋予产品隐性的元素和意义内容，达到了沉淀的美感和状态。

抽象化是一种在艺术和设计中常见的手法，它通过提取事物最本质的特征，将其简化成更简单的形象，从而使观者对其整体形象有更清晰的认识。这种抽象的方法通常能够引起观者的兴趣，因为它能够通过符号和符号化的方式，更好地激发人们的想象力和创造力。通过在设计原型基础上进行抽象化处理，设计师可以打造出充满魅力的设计作品，从而激发人们的审美兴趣。

在审美方面，抽象的设计往往更具有艺术感染力。许多艺术家和设计师也知道，要想引起观者的兴趣，他们需要设计出新奇而又易于理解的作品，以激发观者对艺术作品的兴趣和想象。这种设计方法最能激发人们的审美兴奋点，从而产生更多的意境和艺术享受。

为了达到可感知的具体程度，同时又达成可启发无限想象的抽象程度，设计师需要在具体和抽象之间找到平衡点。例如，普拉达东京旗舰店以抽象的手法表达品牌的奢华，外形新颖别致，犹如伫立着的一块巨大的水晶，产生虚幻却透彻的别致视觉效果，这种设计方法开创性地演绎出了奢华品牌的时尚追求（图5-45）。

另外，苏州博物馆新馆室顶部分的三角形设计，其单形的比例和多形的多样组合也是抽象自苏州历史建筑民居的屋顶结构（图5-46）。这种抽象的手法将明式的简朴美学、东方禅意哲学与西方极简主义风格紧密相连，在当代设计中形成了新的独特美学。

图5-45　普拉达东京旗舰店　　　　　　　　　　　图5-46　苏州博物馆

借助静穆的观照和活跃的生命，设计师可以创造出更加优雅、精炼的形式和格调，从而让产品具有更深层次的美感和状态。

乌克兰工业设计师Kateryna Sokolova的"7 Necessities"系列搪瓷不锈钢厨房容器（图5-47），主要围绕日常烹饪原料的储存和使用而设计。每个产品都有自己的形状，由类型和功能要求决定，形成了一个连贯的系统，每件物品都可以放入任何厨房并增添其氛围。

纸夹椅是一款相当简约的家具设计，有着新奇又优雅的椅腿，白色的椅座宛如纤薄的白纸（图5-48）。椅腿延伸处的最高点实现了扶手的功能。弯曲的椅腿看似容易摇晃，但是有着四个着力点，坐在上面会非常稳固。纸夹椅的灵感来自纸夹元素。办公文具与家具彼此之间其实没有太大的相交点，但该设计师把文具的概念灵巧地运用到了家具设计上。

图5-47　"7 Necessities"系列　　　　　　　　　图5-48　纸夹椅设计

5.6.1　几何原型的运用

在产品设计中，以几何形态为原型是一个非常常见的做法。几何原型具有简洁明了的设计构成，与抽象风格的产品具有一定的相似之处。此外，几何形态也可以弱化其他设计要素的影响，使得整个产品的造型更加简单明了，更加贴近人们的心理需求。例如，日本设计师正弘南设计的Yutanpo暖壶、深泽直人为阿莱西设计的"CHA"不锈钢茶壶，以及吕永中设计的"徽州"博古架（图5-49），都是以几何形态为基础的产品设计，呈现出独特的外观效果和设计吸引刀，深受消费者喜爱。

Yutanpo暖壶　　　　"CHA"不锈钢茶壶　　　"徽州"博古架

图5-49　几何形态的运用

5.6.2 溯源经典的产品原型基础

产品的设计常常借鉴人类历史上的经典原型，这些原型经过不断的优化和改良后，成为普遍使用的产品造型基础。经典原型往往拥有强大的表现力，它们已经被人们广泛接受和认可。正如保罗·格雷厄姆（Paul Graham）在《Taste For Makers》一文中所说，好的产品是永恒的。例如，宋朝流行的喝茶使用的斗笠盏，它的上下距离短，碗沿向外延展的造型经过多年的发展已经成为一个经典的设计。同时，紫砂壶的高度凝

图5-50　Rowenta 咖啡机　图5-51　±0吹风机

练的造型也被广泛使用，成为中国传统文化中的经典之作。在现代设计中，贾斯珀·莫里森的Rowenta咖啡机和热水壶以及深泽直人设计的±0吹风机都是很好的例子（图5-50、图5-51），这些设计基于经典原型，但在细节上有了新的改良和突破，因此更适应现代生活的需求。

5.7　装饰——美化与表达

当代设计中，装饰元素再度活跃起来。不同于传统的装饰只是为了装饰而应用，现代设计师将其视为一种通过将图像性符号进行有意识的提炼、加工、变形或重新组合等，来实现对文化、民族风格、传统工艺与时尚的较好联想和再现的手段。设计师尝试将装饰元素运用于不同的设计领域中，比如建筑设计、家居设计、手表设计等领域。装饰的来源也愈加广泛，既有传统文化、历史典故等元素，也有现代时尚和流行文化中的符号。通过对装饰的构件、图案、雕刻和色彩等加以设计，设计师在不同领域中营造出了丰富的情感和文化内涵。在当今视觉图像和情感消费盛行的时代，将装饰元素与现代设计结合，可以更好地满足消费者对于审美和情感的需求。

例如，法国建筑师让·努维尔（Jean Nouvel）为卡塔尔的多哈塔设计了一个独特的外观，使其成为城市的标志性建筑之一（图5-52）。这个建筑外观的灵感来自阿拉伯文化的传统面纱，塔楼的表面有大量由玻璃板和金属网格组成的幕墙与遮阳格栅，可以遮挡住外面的阳光，并创造出一个神秘、朦胧的氛围。这种设计既符合当地文化，又给人们留下了深刻的印象，因此该建筑成为这个城市的新地标。此外，建筑内部的设计也充满了艺术感以及独特的装饰元素，例如使用了大量的木材和水晶元素，营造出舒适、现代的氛围，使人们能够在这里尽情享受现代艺术和建筑带来的美感。

图5-52　多哈塔

装饰作为一种设计手法，可以从传统文化、历史典故、卡通或神话故事、社会时尚、汉字书法及绘画等广泛的来源中汲取灵感。近年来，本土文化符号，如上海的"月份牌"年画、香港老报纸、方言标记等也成了设计中的热点元素，被用来表达各种情感、历史、文化与

图5-53　取暖器设计

社会的丰富意义。而装饰的作用也不仅仅停留于表面，通过装饰构件、装饰图案、雕刻、色彩等，可以达到隐喻的效果。在注重视觉效果和情感消费的当下时代，具有简洁设计风格的消费电子产品也应该积极思考与装饰相结合的可能性，从而更好地满足消费者的需求。如图5-53所示的取暖器设计，依据古代窗户造型以及屏风纹样，为现代取暖器赋予了中国文化韵味，创造了有温度的取暖灯具。

5.8　拼接、置换——新奇与幽默

在设计中，拼接与置换的技巧被广泛运用。例如，一些时尚品牌会将不同颜色、质地、材料的面料拼接在一起，打造出独具特色的服装设计；一些艺术家也会通过拼贴不同的图像、文字、颜色，创造出令人惊艳的艺术品。此外，在工业设计领域，置换的思路也可以被运用到产品设计中。比如，在智能手机的设计中，将相机镜头置换到手机正面的中央位置，创造出了前置摄像头自拍的新方式；在汽车设计中，将引擎放置在车尾，提升了行驶稳定性和车内空间利用率。拼接与置换的技巧不仅可以打破传统的设计模式，还可以为人们提供全新的使用体验和视觉享受。

通过拼接和置换形成的语义设计，可以采用多种不同的方式来建立意义联系。基于意义共享的设计，可将不同的要素进行组合，来表达要素之间的相似性和联系，比如将书和音乐结合在一起来表达人类进步和文明阶梯的含义。基于意义借用的设计，可通过操作方式、产品结构和产品质感等方面的隐喻来产生心理的连接效应，从而唤起人们的直觉和共鸣，比如设计师深泽直人设计的挂壁式CD播放器（图5-54）。

基于要素置换的设计可通过对不同的要素进行替换处理，来完成新的设计意义的诠释，比如将硬的支撑转化为软的甚至是融化的视觉效果，或将被点的香烟设计成点烟的打火机。最后，基于意义拼接的设计可通过将看似毫不相关的片段组合成一个有关联的统一体，来创造出意想不到的效果。

图5-54　挂壁式CD播放器

这种创造幽默和恍然大悟的设计，需要设计师敏锐地观察日常生活中的细节，并具备联想和组合能力以及设计的转换和控制能力。设计师通过新颖的意义联结来创造出意外惊喜的效果，但这种拼接和置换必须是建立在相关性和联系性的基础之上的，不能破坏产品原有的意义。贴切、自然、生动是设计中的三个原则，要把握好借用的度，否则会使设计走向反面，成为产品的异化或流于形式的视觉效果卖

图5-55　由废弃橄榄核制成的顽皮凳子

弄，而达不到传达意义的效果。因此，这类设计需要设计师具备扎实的设计理论基础和实践经验，以及对消费者需求和市场趋势的敏锐洞察力，只有这样才能创造出真正有意义、深刻且创新的设计作品。

设计二人组Eneris Collective为孩子们设计了一款由废弃橄榄核制成的顽皮凳子（图5-55）。该凳子由六个部分组成，三个P形的部件可以以不同的方式组合，三个直杆可以将它们固定在一起，自由变换从三条腿的凳子到长椅的各种形状。所有零件都完全由橄榄核、生物黏合剂和其他天然成分混合而成，能让小朋友在自由拼接组合中玩乐。该设计把可持续性融入生活，这种软木材料可以在产品使用寿命结束时用来堆肥，也可以退回Naifactory LAB进行回收。因为凳子使用单一材料，没有其他材料需要分别处理，所以回收、堆肥十分方便简单。

5.9　想象——多价和多元

艺术与设计的多价性和多元性是基于观者的不同经验和文化背景而产生的。艺术和设计的内涵意义可以有多种解释和不同的理解，而隐喻的意义和抽象的形象并不完全吻合，也增加了理解的多元性和模糊性。在不同的时代和背景下，同样的产品和建筑会有不同的意义和

图5-56　香山饭店

解释。多价和多元的设计可以通过其创新的设计语言吸引人并引人深思，产生层层新意并充满趣味。例如，北京近郊的香山饭店在墙面的设计上加入传统建筑的菱形窗型和来自西藏的宗教图案，以表达更丰富和多元的中国意象（图5-56）。这些设计手法的运用旨在于现代建筑空间

中展现不同的文化背景和视角，体现出多价和多元的设计理念。

艺术与设计的多价性和多义性是其魅力所在。一个好的设计应该是多元的，可以引发人们不同的想象和理解。例如，设计师可以在产品或建筑中融合不同文化元素，或者采用创新的设计语言，创造出充满层次感和趣味性的作品。与此相比，单价单义的作品则显得简单、枯燥和乏味。因此，多价性和多义性应该得到充分的重视和发掘。在设计过程中，要保持开放、灵活的思维，不断尝试、反思和改进，才能够产生真正具有意义和影响力的设计作品。所以语义符号设计的创作方法不仅是一种技术手段，更是一种思维方式和创造力的体现。

在文化交流中，不同文化之间的碰撞和融合不应该是单向的借鉴，而应该是双向的交流。对于设计者来说，要深入地了解本土文化，不仅要了解表面的文化风格，还要探究其文化背后的思想、信仰等深层次的缘由，这样才能够进行有效的文化创作和传承，避免简单的符号搬运。在此基础上，通过多元的手法对传统文化进行再创造，既能够延续传统文化的精髓，又能够将其融入现代设计中，使作品展现出独特的魅力。因此，在建筑以及其他设计创作中，需要不断地开拓思路，尝试新的表达方式和手法，避免故步自封，才能创造出更加多样化、丰富化的作品。

总之，与产品语义设计类似，艺术与设计的创作也需要在不断地学习、体验和理解各种方法的基础上灵活运用。只有这样，才能不断地探索和创新，为人们带来更多的美感和思考。这也是当下众多设计者所一直追求的目标。

红点奖获奖作品《石头记》是天佑德青稞酒包装设计（图5-57）。天佑德是青海省著名的酒企业，藏族是青海省少数民族中人口最多、居住最广的一个民族。包装灵感来自青海当地藏族从远古流传下来的传统文化——玛尼石（Marnyi Stone）。将玛尼石由大到小堆砌是藏族人一种祈祷、祈福的习俗，每颗石子都凝结着藏族人发自内心的祈愿，也记载着藏族人的追求、理想、感情和希望。产品设计运用了仿生概念，将现代工艺与生态环保理念相结合，传递了最纯粹、最原始的祈祷与祝福。

多摩美术大学优秀毕设作品《私欲植物》是作者通过模拟植物设计的一款照明设备（图5-58）。作者利用太阳能发电和植物光合作用的相似之处，设计了这款利用太阳能产生电力的电器产品，并借鉴植物生长原理，根据植物在不同地区的特点和生活方式，设计出多样的形态。这一作品超越了照明工具的范畴，成为建立自然与人联系的新切入点。

图5-57 《石头记》　　　　　　　　　　　　　　　图5-58 模拟植物设计

6

中国传统文化在产品设计中的语义表达

传统文化是指一个民族或社会在长期历史发展中形成、代代相传并深刻影响其生活方式、价值观念和行为模式的文化总和。它包含物质与非物质两个层面，是文明延续的基因密码，社会治理的精神资源，民族身份认同的核心。中国传统文化内容丰富多彩，历史渊源久远，为人类社会文明发展缔造了一颗颗璀璨的明珠。在现代社会，中国传统文化不仅是中华民族文化认同的根基、社会治理的智慧源泉，也是经济发展的创新动力与国际交流的文化桥梁。

今天我们探讨中国传统文化在产品设计中的语义表达，一方面通过挖掘传统文化精髓并将其转化为产品设计素材，塑造中国地域文化设计风格特征。另一方面，通过隐喻、借喻等修辞手法，提取中国传统文化的哲学意识与美学观点符号，通过设计语义表达满足消费者的文化情结与情感需求。同时，数字技术的迅猛发展为传统文化的创新设计带来了新的契机，为实现传统文化的创造性转化、创新性发展开辟了新道路。通过传承与创新，传统文化将继续为中华民族伟大复兴与人类文明进步贡献力量。

6.1 文化符号

文化符号是一个国家、社会或民族长期积累下来的文化资源的凝结，经过时间的洗礼和沉淀，具有丰富的价值内涵。文化符号是民族文化的一种表现形式和存在方式，具有鲜明的民族特性。通过对本民族、本国家的文化符号的认知，人们可以产生强烈的文化自信和民族自豪感，形成文化身份认同。同时，文化符号具有形象传播功能，对内可以引发文化情感共鸣，对外可以激发不同文化背景的人的好奇心，促进不同文化间的学习与交流。文化符号在产品设计中的语义表达是中国传统文化实现创新性转化的重要路径，通过具象的视觉符号、隐喻的叙事逻辑和深层的文化逻辑，构建起传统文化与用户之间的情感共鸣与价值认同。当产品成为文化记忆的载体时，设计便超越了物质形态，成为连接过去与未来的精神桥梁。

6.1.1 中国传统文化符号的表现形式

文化的多元性和复杂性使得人们很难对其进行明确的定义。每个人都有自己的视角和理解方式，因此对同一问题的理解存在差异。文化的形成和发展受到时间、地理环境、语言、制度、生态环境、宗教信仰和生活方式等多种因素的影响，这些因素在不同的层面上对文化的分类产生了影响。

文化的影响是通过特定的中介途径来实现的。在这一过程中，符号发挥着关键的作用。作为符号的动物，人类已经将符号思维作为其表达和交流的基本工具之一。人们通过符号来辨识和理解文化，而文化和文明的生成则依赖于符号的运用。正是因为人类具备运用符号的能力，文化才有可能存在。文化可以被视为符号的基质，而符号则成为连接不同文化形式的沟通工具。这种观点强调了符号对于文化的重要性，符号不仅仅是一种系统，更是构建和传递文化意义的媒介。通过符号，人们能够探索和传播文化的核心价值、信仰体系、社会规范以及艺术和创造性表达等方面。因此，符号在人类的文化认知和交流中扮演着不可或缺的角色。

在研究文化符号形式时，可以对其进行划分，以便从不同层面理解各个元素的功能和它们对最终产品的影响。这种划分有助于深入探究文化符号的多样性及其在文化表达中的重要性。中国传统文化符号的层次可分为：外在层次、中间层次和内在层次。其中外在层次多为有形实体与视觉符号，如色彩、图形、建筑与物件等。中间层次为行为习惯与生活习俗，人们将仪式习俗与地域文化特性相结合，塑造了不同的传统文化符号。内在层次为意识形态与哲学思想，是最深层的传统文化符号形式。

（1）外在层次——有形实体与视觉符号

中国传统文化的符号包括汉字、龙、凤凰、祥云、瓷器、文房四宝和青铜器等，这些符号涵盖了衣食住行等各个方面。设计师常将这些富有中国传统文化特色的元素直接应用于设计中。在食品、茶叶和酒类包装设计中，运用中国文化的图形语言形式非常流行，这些商品通常都是传统产品或本土特产，因此，选用的文化形式的图形与商品之间存在着密切的联系。通过同构的思维方式，将图形语言映射到与其有某种意义关联的事物上，可以产生一种心理暗示，引导人们进行联想和想象，从而通过文化将不同情感进行传递。

由Z+Studio与故宫合作打造的《青铜时代》键帽是一次大胆的创新尝试（图6-1）：对拉丁字母重新解构，以中国传统青铜纹样重新赋予其艺术的美感，凸显个性化和辨识度，力求让人耳目一新；数字区则选择不同的设计思路，截取青铜纹的边边角角，圆润过渡，尽可能呈现不同时代、不同种类青铜器的艺术张力；其他区域则采用极简设计，张弛有度，使键帽整体达到一种繁简平衡；键帽整体的配色模拟青铜器随时间氧化变色的过程，营造出千年凝于一瞬的跃迁感。

图6-1 《青铜时代》键帽套装

图6-2 《开运》开瓶器

图6-3 《坐看云起时》香炉

汉字作为华夏文明的载体，承载着丰富的内涵和独特的魅力。早在东汉时期，许慎便编写了《说文解字》，系统总结了汉字的构造和使用规律，并将其归纳为六种基本形式：指事、象形、形声、会意、转注和假借。而在现代设计语言中，从解字的角度出发，将其延伸应用于生活实用产品，是汉字艺术和文创结合的一种路径。每个汉字都具有其独特的本义和延伸意义，通过深入探索汉字的内涵，可以发现与字义相匹配的产品品类。

解字的过程涉及对汉字形状、构造和意义的理解，以及对其象征和文化内涵的探究。通过这种研究方法，我们可以挖掘出与汉字意义相关的实用产品的创意。例如，"字在"是一个专注于汉字文化传承和创新的品牌，它与汉字艺术领域的知名设计师合作，将创意字体与日常产品结合，如冰箱贴、行李牌、挂饰等，让汉字之美成为日常。这些产品中的汉字，都是通过点、线和面的变化来呈现不同的风格和气质，图6-2中展示的《开运》开瓶器设计，"开"和"开瓶器"，字义相通，并以字形发散出产品形态。图6-3中的《坐看云起时》香炉，以"雲"字为形，并含有"云雾缭绕"的意思。一款香炉，香雾缭绕，并顺延着"雲"字流淌，形意结合。

（2）中间层次——行为习惯与生活习俗

人类的生活习俗和行为习惯对传统文化符号的影响是广泛而丰富的，它涉及文化、社会和心理层面的因素。可采用多种方法，包括社会学、人类学、心理学领域的方法和设计研究等，以深入理解不同文化背景下人们的生活方式和产品使用习惯。

生活习俗和行为习惯反映了特定文化的价值观和信仰体系，这种价值观与信仰体系也影响着产品的设计方向。例如，中国的茶道注重平和与心灵的净化，强调内心的平静与沉思。这种文化价值观对茶具的设计产生了直接影响，茶具的取材、器形和色彩都与追求内在和谐、自然与平衡的理念相契合。因此，在茶道文化中，茶具被视为一种传递和体现美学、哲学和伦理观念的媒介（图6-4）。传统手工艺和民俗也是中国传统文化中较为核心与具有代表性的组成部分。它们不仅仅是简单的艺术形式或行为习惯，更是中华民族数千年文化智慧的载体。陶瓷、织锦、漆器等，体现了古代人民精湛的制作技艺和独特的美学追求。每一种手工艺品都凝结了丰富的历史文化内涵，是中国文化的重要象征（图6-5）。这些传统技艺的代代相传，一方面体现了华夏民族对于美好事物的向往，另一方面也展现了中华民族在漫长历史发展中所积淀的智慧和创造力。

图6-4　中国茶道文化　　　　　图6-5土家织锦艺术

地理环境、气候条件和资源可利用性等客观条件也与生活习俗和行为习惯密切相关，进而影响设计的发展。在我国，筷子作为餐饮工具被广泛使用，这与中国古代农业社会的发展有关。由于大量的植物食品需要烹煮和搅拌，而手不能在煮沸的水中直接操作，因此木棍成为最早的烹饪和取食工具，进而演变成现代的筷子。而在欧洲，由于农业起步较晚，肉类在饮食中占据重要地位，因此刀叉成为更适合处理肉类的餐具。

此外，社会和经济因素也对传统文化符号的使用产生了影响。社会地位、阶级差异、职业需求等因素会影响人们对产品的选择和使用方式。在古代，不同社会阶层的人们可能使用不同材质与工艺的生活用品，以展示其身份地位和审美追求。总之，不同的客观条件决定着不同的生活习俗与行为习惯，生活习俗与行为习惯又影响着产品的发展方向。通过深入研究不同文化背景下的生活方式、价值观和社会环境，可以更好地理解产品设计与使用之间的联系，同时也能够更好地满足人们的需求和期望。

（3）内在层次——意识形态与哲学思想

中国传统文化符号在意识形态和哲学思想层面具有丰富而深远的内涵，深受儒家、佛家和道家的影响。儒家思想强调平衡、和谐，追求人与自然、人与人之间的和谐关系。佛家思想强调超越个人欲望和执着，追求内心的平静与觉醒，重视慈悲、智慧和禅定，这对人们的行为和思维方式产生了积极的影响。道家思想注重追求自然的道和自然法则，强调顺应自然、无为而治，主张通过自然的力量来达到平衡和和谐，使人与自然和谐共生。

此外，中国传统文化符号中还有其他重要的意识形态与哲学思想。例如，阴阳学说强调事物的相互依存和相互转化，强调平衡的原则。五行学说认为宇宙万物由五种元素组成，它们相互制约并相互作用。这些思想贯穿于中国文化的方方面面，影响着人们的价值观、行为方式以及艺术和设计的表达。总的来说，中国传统文化符号的意识形态与哲学思想体现了人们对自然、人与人之间关系和宇宙整体的关注。这些思想影响了人们对世界的认知和行为方式，塑造了中国独特的文化特征，并对艺术、设计和日常生活产生了深远的影响。

由南京艺术学院盛瑨教授与徐韶杉研究员等研发、设计并制作的中国传统文化创意产品《六十甲子天地佩》，是在对中国传统文化解读的基础上进行的物态化艺术创作，表象上不只是对传统文化核心要素简单的图式化再现，更是对中

图6-6　文化创意产品《六十甲子天地佩》

国古老哲学核心思想的二次创作，是与中国传统文化内在层次相融合的体现（图6-6）。

通过对传统文化符号的这三个层次进行讨论，我们能够更好地理解这些层次在产品设计中的作用，并将其与文化内涵相结合。这不仅有助于我们更好地把握产品设计的方向和目标，还

能够为产品在市场中找到合适的定位。深入剖析这三个层次的应用，可以帮助设计师更好地使用传统文化符号，创造出具有丰富文化意蕴和能与人产生情感互动的产品。因此，对于中国传统文化符号的研究和应用，不仅能够保持与文化的紧密联系，还能为产品的设计和定位提供重要的指导和启示。

6.1.2 传统文化符号的表达载体

文化符号学认为文化是一种符号或象征体，在这一理论框架中，中国传统文化成为一个独具特色的文化符号学领域。中国传统文化是中华民族在漫长的历史中积淀下来的文化内涵。

符号的感知需要依赖特定的物质载体，并必须经过传输的过程，这个传输的物质被称为媒介或中介。媒介充当了存储和传递符号的工具，而物质载体负责承载符号的感知。从文化符号学的角度看，文化创意产品成为现代的媒介，用以表达文化符号内涵，反映了产品背后的潜在文化。

将文化内涵赋予特定的产品，从而形成了文化创意产品，它被看作是精神文化的物化表现。这些创意产品通常包含丰富的特定文化内涵和象征意义，具有独特性和差异性。设计师通过解读和分析文化概念，借助现代技术，将这些概念转化为适应现代生活并具有实用功能的产品。在这个过程中，一些传统文化也可能获得新的价值和内涵，成为一种文化符号。

目前，文化创意产品在官方分类方面尚未建立清晰而详尽的框架。因此，为了更好地探讨文化创意产品，对其进行整理并分为以下几个类别：传统工艺制作品、文化衍生产品以及数字体验产品。

（1）传统工艺制作品

传统工艺制作品是兼具实用性和装饰功能的器物，包括陶瓷、玉器、漆器、皮具、首饰、金属工艺品、织染印绣类的纤维艺术品等。并非所有工艺品都属于文创范畴，传统工艺制作品类文创产品区别于传统工艺品，但脱胎于传统工艺，设计师通过提取传统工艺品上的元素，并融入新的创作形式，如新设计、新功能、新材料、新技术等，以适应新时代的需求，实现突破和改良，使其成为当代生活中的一部分。

文创产品中的工艺品涵盖了民族以及民间非物质文化遗产中的传统工艺，是中国传统文化符号的精髓和延续。这些产品展示了民族、民间特色工艺品的独特之处，这些精美的工艺品超越了本地和本民族的界限，通过文创产品的设计和开发，被制作成包袋、围巾、衣服等产品。同时，一些工艺品并不局限于某个地区，它们在国内的多个地域同时存在，呈现出不同的面貌、工艺和传统，如天津杨柳青、河北武强、四川绵竹、山东杨家埠、河南朱仙镇等地的木版年画。这些地方在保留自己的艺术特色的同时，也尝试将其用于文创产品的开发制作。瓯窑是温州瓯越文化的重要组成部分，《江心孤屿》瓯窑办公杯的盖钮灵感来源于榕树造型，把手刻有盛行于战国时期的装饰纹样——蟠螭纹，杯身附有谢灵运《登江中孤屿》诗词，造型独特雅致，再配上江心屿卷轴，颇有瓯越文化气息（图6-7）。

图6-7 《江心孤屿》瓯窑办公杯　图6-8 瓯窑
山水纹饰香薰

这些利用传统工艺制作的文化创意产品，不同于一般的日用品，也不同于传统工艺品，它们既承载着传统文化，又具备实用功能，适用于当代生活，因此具有特殊的意义（图6-8）。通过创意设计，这些产品在精神和物质两个层面上都具有独特的功能。

（2）文化衍生产品

文化衍生产品是基于文物等进行设计的文化创意产品。这些产品是设计师通过提取文物的艺术与人文精神，解读艺术家所表达的信息和意图，并总结归纳其中的文化与艺术特色，以文物或艺术品为核心进行设计的。设计师从不同角度重新设计文物或艺术品，将其蕴含的文化元素与产品功能和创意相结合，从而衍生和扩展出多种形式的产品。这样的设计使得艺术品不再与普通民众保持遥远的距离，而成为日常生活的一部分。

图6-9 江西省博物馆"双尾虎文创冰淇淋"
与"双面神人文创冰淇淋"

其中，食物类的文创产品原本并不多见，但近年来逐渐增加，例如文物饼干、糕点、茶叶、雪糕等（图6-9）。这些产品常见于博物馆、美术馆等场所，博物馆的文创商店常被称作"博物馆的最后一个展厅"。观众在参观完毕后会进入文创商店，将对文化艺术的兴趣和认同转化为购买的动力。以往，这类商店中最常见的商品是书籍和画册，但近年来文化衍生产品逐渐增多。

这些文化衍生文创产品不仅仅是商品，它们还承载着文化遗产的传承和表达，同时也为观众提供了更加亲近的参与方式。通过这些产品，人们能够将文化艺术融入日常生活，体验其中的美妙与独特。

（3）数字体验产品

数字体验产品是一种融合文化创意与先进数字技术的创新产品形态。其定义为以文化为内核动力，以数字技术为创作手段，以IP思维进行产品运营的创意产品。数字文创的核心特征在于将文化内涵与先进技术相融合，其中包括3D打印技术、传感器技术、人工智能技术、增强现实（AR）技术，以及区块链技术等。这些技术的运用为数字体验产品提供了强大的支持，涵盖了数字博物馆、数字音乐、数字游戏、数字表情包、数字影像等多个领域，通过数字手段实现，呈现出丰富的文化创意内涵（图6-10）。

图6-10 山西文旅数字体验馆

在数字体验产品的设计过程中，关键考虑因素包括地方特色文化与创新数字技术的融合、差异化和趣味性。设计团队通过综合考虑这些因素，致力于开发更具吸引力和创新性的产品。数字体验产品代表了文化产业与数字技术的融合，为设计领域开辟了新的发展方向。通过数字手段，文化得以更广泛地传播和体验，同时也为设计师提供了更多的机会和可能性。这一趋势为文化与技术的有机结合提供了新的平台，推动了设计领域的不断创新。

6.1.3 具有中国传统文化气韵的典型材料

中国人对竹、木、瓷等自然材料有着深刻的情感和印象，这与传统使用方式紧密相连，反映了思想、文化、风俗、艺术等方面的联系。这些材料在不同地域有不同的生产方式，与当地用品相结合，承载着地域性文化哲学和审美观念，成为传统文化记忆的有效表达。在设计中使用这些具有中国传统文化特色的材料，是表达传统文化符号及设计思想的良好手段。

从传统观念出发，注重材料的自然品质和特色，主张展现材料的天然美感，追求本真、淡雅的趣味和情致。同时，强调"就地取材"，即充分利用当地的材料。木头、竹子等自然材料由于其物理特性，适用于多种领域，长期以来在中国传统制品中得到广泛运用。由这些材料制成的产品，不仅在外观造型上展现出特殊美感，还具有感性品质，传递着特定的文化情趣和自然关联。这种感性联系形成了特定的文化记忆，唤起了人们对自然本色和地域文化元素的回忆，成为地方历史资源和文化符码的自然表达，为地域性设计提供了有力支持。这种深刻的文化联系在当代设计中备受重视，成为后现代主义地域性设计的关键元素。

（1）木质

木材作为传统建筑和家具的主要材料，在中国传统文化中承载着深刻的符号象征价值。其自然朴素、真实亲切的美感反映了与自然共存的核心思想，与中国传统文化的发展密切相关。虽然在现代产品

图6-11 传统材料与现代简约设计结合的木质家具

图6-12 故宫凝香亭榫卯积木

中木材可能不再是主要材料，但通过局部运用或作为"表皮"，体现出传统木构建筑和产品文化的精髓，能够唤起传统文化记忆，引发观者的文化共鸣。传统木制家具多采用香樟、檀木、柏木等优质木材，坚硬耐用，纹理细腻，能够长期保持良好的状态（图6-11）。檀木的深红色、柏木的淡黄色等，都是木质产品独有的天然色泽，木材所富有的温润质感，使其与人体肌肤更加协调。它作为可再生的天然材料，相比于现代工业材料更加环保，符合当下追求绿色生活的理念。

紫禁城，作为世界上规模最大的木结构宫殿建筑群，有着六百多年的历史积淀，承载着深刻的文化价值。故宫凝香亭榫卯积木用300多块木头再现了凝香亭的榫卯拼搭结构，采用全实木材质，手感温润。它不仅是一种玩具、装饰，也是一件艺术品，更是一份文化传承（图6-12）。

（2）竹质

竹具有美丽、可持续、轻盈的特性，与古代人的生活息息相关，在中国传统文化中具有深远的象征意义。它不仅与诗歌、书画、园林等领域紧密相连，还在建筑和家居用品中展现了清新高雅的趣味。竹子作为一种独特的天然植物材料，具有轻盈、柔韧等特性，因此传统竹家具具有独特的质感。制作传统竹家具需要运用复杂的编织、拼接、雕刻等传统工艺，展现了工匠

精湛的手工技艺，每一件作品都蕴含着制作者的智慧（图6-13）。竹制产品的造型设计深受中国古典美学理念的影响，呈现出典雅自然、线条流畅的造型美感。从意识形态和文化内涵层面来说，竹子在中国传统文化中意味着坚韧、高洁、清逸等正面品质，也体现了中国人对于自然和生活的哲学思想。

四川成都远洋太古里曼广场中心，打造了一座由竹子构成的限时建筑，其设计意图是弘扬中国传统竹文化。设计造型"八"由一撇一捺构成，寓意成都远洋太古里在撇捺书写中迈入全新阶段。一撇一捺亦构成空间的"人"口，寓意开放、连接，抑或代表富有创造力的"人"，寓意多元包容、以人为本（图6-14）。

图6-13 东阳竹编

图6-14 成都太古里竹构建筑

（3）纸质

纸是文化的载体，中国的纸文化源远流长。传统的宣纸以其独特的纹理和质地，在书画领域占据重要的地位。这些纸文化产品在现代被广泛用于灯具、文具、室内装饰等领域，既代表着传统手工艺，也是传统文化和精神生活的象征（图6-15、图6-16）。

故宫文创《千里江山》纸雕灯的设计灵感源自北宋画家王希孟所绘《千里江山图》，该图展现了祖国的壮美山河。该产品采用激光纸雕工艺，将《千里江山图》分割成多个层次，以还原其江河烟波浩渺、气象万千的景象。通过调整灯光环境，成功呈现了重峦叠嶂、江山辉映的意境。这一设计旨在表达华夏儿女希望祖国山河安康、国泰民安的美好祝愿（图6-17）。

图6-15 古法造纸灯笼　　图6-16 现代纸艺作品

（4）陶瓷

陶制品以陶土高温烧制而成，表面呈现出原始的质感和光泽。触摸陶制产品，能感

图6-17 故宫文创《千里江山》纸雕灯

受到来自自然和历史的声音。中国的陶瓷文化悠久，陶制品承载了历史文化的回忆，将其整合在家居用品中，能反映地方的记忆（图6-18）。

传统的瓷器以其独特的釉色和彩绘，表现出纯净光洁的美感，带有禅的意境。瓷器不仅具有实用性，还承载着创作者心手相应的艺术追求，展现着深入骨髓的传统文化。例如，宋瓷以其素雅的造型和纯净的质感，直接引发人们对文化观念的深刻联想。

此外，宋代也有色彩亮丽的瓷器作品，其中宋代钧窑的玫瑰紫釉十分出名。玫瑰紫釉又称"海棠红釉"，是钧窑窑变的精品釉色，色调红、蓝、紫交错辉映，绚烂绮丽。钧瓷以窑变为神，"入窑一色，出窑万彩"，乃皇室的传世宝，唐玄宗立令"钧不随葬"，所以墓葬出土的钧瓷文物甚为稀少，有"黄金有价钧无价"之说，倍加珍稀（图6-19）。

图6-18　故宫元素文化创意旅行杯

图6-19　雍正款仿钧窑变釉海棠式花盆

6.2　中国传统文化符号创新设计方法

6.2.1　文化符号的显性表达

将文化符号进行形式的套用是文化创意产品开发中的一种设计方法，简单而高效，直接将富有文化内涵的符号应用在产品设计中。这种方法具有低难度的文化符号提取方式，使人们在众多的二维或三维符号中更容易找到应用元素，从而能加快研发速度，形成系列产品也更加方便，进而能提高产品数量。在当前的文化创意产品中，形式套用方式占据了最大的比重。

（1）仿制式设计

①缩放手法。对二维或三维文化符号进行等比例的放大或缩小，以保持其原有特征，并将其直接融入文化创意产品中，强调文化元素的还原性（图6-20）。

②二维转印手法。将立体文化符号进行平面化处理，以类似于照片的形式运用在文化创意产品的设计中，或通过删除内容仅保留特征轮廓的方式，呈现出近似剪影的设计形式（图5-21）。

图6-20　缩放手法设计案例——越王勾践剑U盘　　图6-21　二维转印手法设计案例——文创书签

（2）提炼式设计

①**符号立体化**。以平面文化符号为基本元素，选取整体或部分元素纹样，通过设计师的联想创作，使平面符号呈现出立体的形式，可以拉伸元素或展示其真实外形。纹样是集美学与科学于一身的文化密码。中国传统纹样历史悠久、内容丰富，是中华民族千年智慧的艺术结晶。央视龙年春晚创演秀《年锦》选用中国传统的繁盛纹样，通过不同的艺术表现手法，将平面传统纹样立体化，运用在背景与服饰之上，使传统艺术"活"了起来，表达出亘古不变的吉祥祝福（图6-22）。

图6-22　央视龙年春晚创演秀《年锦》

②**材质、色彩的转变**。保留平面或立体文化符号的内容、结构、比例等特征，以其他材料或颜色替代原有外观，或直接使用新材料、新工艺模拟传统材料的质感和肌理。例如，古蜀国视金为尊，人们常在神庙中祭祀神像的面部"贴金"，不仅是为了美观，还包含娱神以使神更灵验的期许。以此为灵感，三星堆文创推出了一款文化体验型食品——"金面具巧克力"，保留原有面具造型，用户可亲手给巧克力"贴金"，感受三星堆文化背后的匠心精神（图6-23）。

图6-23　三星堆金面具巧克力（青铜抹茶味）

③**借用文字、肌理或绘画表达**。文字常被用作设计中的纯化界面指示性符号，其不仅具有特定功能，还承载着文化的意蕴。历史肌理，即有时间印记的旧色彩和特殊痕迹，具有独特的文化记忆和地方记忆，设计师可以通过对其拓印或转化为图像的方式进行复制和处理，将其灵活应用于表面装饰。绘画作为表达对自然认识的手段，包括历代文人通过山水绘画表达对自然的情感和通过抽象水墨写意表达深层文化意境。在产品设计中，有时借用部分传统绘画，结合现代工艺进行抽象处理和结合，以表达对传统文化的印象。这种综合运用文字、肌理和绘画的方式丰富了产品的文化表达，体现了对传统文化的深刻理解和创新处理。例如，故宫文创千里江山无火香薰扩香石礼盒设计灵感来源于《千里江山图》，设计师提取画中的山峦、屋宇、小

舟，保留原画卷中的青绿色调，做出立体效果。使用香氛时山石如水墨晕染，芬芳徐徐弥漫，舒心怡然，表达出深层文化意境（图6-24）。

（3）跨界重组设计

将不同的传统文化元素进行跨界有机组合，碰撞出新的文化创意，创造出新颖独特的文化创意产品。

①**不同地域文化结合**。整合来自不同地区的传统文化元素，创造出富有多元特色的设计作品。比如结合川、鲁、晋等地的民间工艺，设计出跨地域的文创商品。

图6-24 千里江山无火香薰扩香石礼盒

②**经典文化碰撞创新**。把中国传统文化与当代流行元素相结合，进行创意碰撞，产生新奇有趣的融合设计。例如把中国古典山水画与日本动漫风格相结合，开发出富有东亚文化特色的潮流产品。

③**虚拟与实体文化融合**。将线上虚拟文化IP与实体文化元素相结合，开发出线上线下融合的文创产品，例如可以将中国古代神话人物形象应用于网络游戏设计中，或利用数字技术对传统文化元素进行数字化处理和重构，赋予其崭新的视觉形态和交互功能。如运用3D打印技术复制传统工艺品，或将民间图腾元素应用于互联网图标设计中等。

6.2.2 文化符号的隐性表达

（1）抽象化提炼

该方法是将文化符号进行抽象化处理，其关键在于提炼其共性，类似于符号学中对"言语"和"语言"的理解。文化符号的"言语"即其外在表现形式，通过具体细节呈现，不同细节存在差异，是可直观发现的表象层级符号。准确提炼文化符号"语言"的关键在于将其分类，可根据不同的特征将同一组文化符号分为不同类别，这些特征隐藏在表象背后，需要通过思考总结得到。例如，各类年画在风格、题材、绘画技巧等方面呈现出丰富多样的特征，初看之下各具独特之处，然而，通过对大量年画作品的观察，会发现不论其具体表现形式如何，它们都展现出鲜艳明快的色彩。进一步总结可以发现，不同地区、不同历史时期的年画作品展现出各自独特的风格和特色，在这些共性中存在微小的差异，而在这些微小差异中同样潜藏着共通之处。这些隐藏在表象之下的原理性、规则性的共性即为"语言"。

某类文化符号一定是在这类元素的共性之上的产物，但这些共性无法具体表现。抽象化手法善于隐藏符号的具象细节，通过总结概括的形式将隐藏在文化符号表层后的共性体现出来。值得注意的是，抽象化并不仅局限于视觉文化符号，一些行为文化符号同样具有可寻找的共性，这些也可以在提炼共性后以抽象的形式表达，如人们的社交礼仪、传统节庆习俗等。

（2）隐喻手法

隐喻是通过彼类事物的暗示来引发人们对类似事物的感知和联想的一种表达方式，其重点在于突显隐喻中的本体，通过喻体传达本体的特征。隐喻的特点与文化内涵中外在现象与内在精神的关系相似，即内在精神通过外在现象得以体现，而外在现象则充当内在精神的承载者。

在文化创意产品的研发中，隐喻手法的运用涉及选取适当的外在文化现象作为喻体。虽然呈现的内容是具体的文化形象，但其目的是引导人们通过这些文化符号联想和感知符号背后的文化内涵层次。隐喻形式的文化创意产品传递的不仅仅是表象的符号，更重要的是希望人们能理解在特定文化环境下运用这些符号的原因。

隐喻被认为是文化符号提炼中最有难度的方式之一，因为它要求设计师深刻理解文化内在精神，并找到其在外在体现的表达方式。隐喻的表达方式较为复杂，其目标是传递精神文化内涵，由于精神属于抽象范畴，难以直接应用于具体的表现内容中，因此只能通过"文化喻体"来代表。同时，必须确保人们能够感知到本体和喻体之间的联系，以真正传达所希望传递的文化内涵。尽管隐喻手法较为复杂，但正是这些因素才使其能够传递更为深刻的文化内涵，从而使人们更深入地理解文化。

《独钓香台》的设计灵感来源于对东方美学多维度多视角的探讨，设计者在了解儒家、道家和禅宗文化底蕴与内涵的基础上，设计出了蕴含东方意境美的香道产品。"子非鱼，焉知鱼之乐"的观鱼和"孤舟蓑笠翁，独钓寒江雪"的独钓，将东方的意境美与现代设计表达相结合。借诗来隐喻自己是山水之间的渔翁，以此来寄托自己清高而孤傲的情感。当香点燃时，倒流香会在圆盘面形成烟雾，营造出富有诗意的意境（图6-25）。

图6-25　隐喻手法设计案例——《独钓香台》

6.2.3　文化符号的构建

台湾学者杨裕富在《设计的文化基础》一书中谈到设计文化符号的构建分为三个层次——策略层、意义层、技术层。

策略层，指设计创意定位。策略层包括设计作品的说服层次与设计作品的说故事层次，在设计构思中应思考怎样把握文化特色的作用、运用方法，怎样策划组合规则、策略元素。这个层次往往不易被察觉与分析。在文创产品设计中，策略层往往需要对消费人群和文化资源进行充分分析，获取用户的文化消费需求，凝练提取文化内容，从而去规划文创产品的开发品类、不同品类产品的文化内容输出，进行有逻辑、有目的性的表达。

意义层，指设计传达的意义。意义层包括叙事层与语义层。如果设计师与受众处于同一个文化环境，那么作品的内涵就比较容易被察觉和分析。反之，则需设计师运用一定的叙事策略，将设计的主题与艺术要素表达清楚。在文创产品设计中，叙事层需要考虑如何讲好文化故事，如何表达文化内涵以及选择文化载体。语义层包括单语义、字句以及文章，其中单语义多指设计作品中提取的图像符号，字句、文章可从历史典故中提取。

技术层，指设计的表现形式及手法。技术层包括设计作品的美感形式层次与设计作品的媒材层次。技术层需要考虑各种设计元素的传达方式，也就是表现手法、表现形式、媒介等。其中，美感形式层次也可以称作"美的组成原理"或"形式美法则"，包括对称、平衡、韵律与对比等方面。媒材层次中，可以从空间感、色彩、质感、量感、光线等方面处理媒材对象，从实质材料与颜料等角度重新创作材料。

6.3 中国红色文化的设计表达

　　红色文化，是我国文化领域中一种特别的文化概念，其蕴含的红色基因是中国共产党百年奋斗史留下的宝贵精神财富，传递的是辉煌的历史记忆，蕴含的是先进的思想理论，代表的是宝贵的精神价值，表现的是不懈的实践追求，为新时代发展提供着厚重的精神支撑。在中国共产党百年的历史进程中，红色文化不仅是民众对中国共产党优秀红色基因和精神品质的情感记忆，又通过各种形式的传承和发扬，在当前的新时代背景下具有了积极的新时代内涵，鼓舞着一代又一代的国人自强不息而奋斗。

　　红色文创产品是当今文创产品领域的一种独特形式，具有鲜明的时代特征、价值功能与政治诉求。红色文创产品突出"红色"特性，结合现代设计语言，用灵活多样的物质载体讲述内涵丰富的红色故事，实现历史语境与历史形象的还原再现，不仅是红色历史与艺术语言的融合体现，也是引导和教育民众的有益艺术形式。

6.3.1 红色文化资源分类

　　红色文化资源内容繁多，元素繁杂，经过起源、发展到壮大阶段，红色文化资源已经包含巨量的内容。经过梳理大致可以分为显性内容和隐性内容两大组成部分。显性内容主要包含红色人物、红色地标、红色故事等；隐性部分主要包含红色精神、红色气质等。需要注意的是，随着红色文化的深入发展，新的红色人物、红色地标、红色故事和红色精神也在源源不断地产生，有助于红色事业的薪火相传、血脉永续，也为红色文创的开发提供了源源不断的新内容。

　　（1）显性红色文化符号

　　①**红色人物**。红色人物包含领袖人物和代表性人物，通过介绍和宣传他们的生平事迹，塑造革命英雄人物，核心目的在于传承红色基因、弘扬革命精神，激励和引导人民。人无精神不立，国无精神不强。红色人物是在追求伟大梦想、进行伟大斗争的革命实践中产生的。层出不穷、可歌可泣的红色人物历经开拓奋进，不仅留下了宝贵的精神财富，本身已经成为红色文化中的重要组成部分，也是中国共产党革命文化和革命精神的内核。

　　在文化产业蓬勃发展的新时期、新形势下，红色人物被赋予了更多的文化内涵和文化价值。塑造和宣传革命英雄人物的目的是增强历史认同、铸牢中国自信。通过设计赋能，将这些红色文化资源进行整合，例如当下全国各地红色旅游产业蓬勃兴起，目前国内影响力较大的红色旅游目的地延安，这个有着厚重革命历史的红色圣地有巨大的发展潜力，延安的红色人物有着无与伦比的影响力和号召力，但是如何设计凸显延安红色文化内涵和具有地域特色的红色人物形象，在新时代需求下树立经典红色人物形象并赋予其时代内涵，有效地推动延安红色文化的传播和传承，不仅是延安的当务之急，也是国之所需。

　　②**红色地标**。红色地标是红色文化资源的重要组成部分，它们具有真实性、现场感、沉浸感、仪式感、不可复制、不可替代等鲜明特点。红色地标是宣传红色文化的一种无声资源，主要集中在名人故居、党史陈列馆、革命遗址、红色景区、红色博物馆等建筑或者景观实体上。例如初心之地的中共一大会址，位于上海市兴业路76号；起航之舟的中共一大会址，位于浙江省嘉兴市南湖；红章肇始的中共二大会址，位于上海市老成都北路7弄30号；统一战线的中共

三大会址纪念馆，位于广州市恤孤院路3号；力量之源的中共四大会址纪念馆，位于上海市四川北路1468号；直面危机的中共五大会址，位于武汉市都府堤20号；低调奋起的中共六大会址，位于俄罗斯莫斯科市郊五一村；理论之厦的中共七大会址，位于延安市杨家岭中央大礼堂；探索之路的中共八大会址，位于北京市全国政协礼堂；等等。这些红色文化地标贯穿于近代中国革命的全过程，展现出一个百年大党砥砺奋进的峥嵘岁月，其往往不是一个孤立的点，而是一定程度上连成了线，甚至足以构成一个主题性的块面，清晰地呈现了中国共产党创建的历程。因此文化地标设计作为一个城市或者地域文化的宣传亮点，能在一个特定空间内利用艺术化的表现形式给人以视觉感染力和艺术美感，这样有力的感染力也塑造了城市或者地域形象，这对地方文化传播而言具有重要的价值。

另外，新红色文化地标依托红色精神，在时代的推动下，也在不停地产生，例如地处延安市的"中国红色书店"是以"沿承新华传统、弘扬延安精神"为宗旨创建的新型城市文化阅读空间，也是中国新华书店成立八十周年的献礼之作，已成为中国规模最大、历史场景

图6-26 延安市"中国红色书店"

感最强的红色文化主题书店（图6-26）。中国红色书店为集红色文化理论研究、大众阅读、红色旅游文化与红色文化文创产品研发于一体的书店，也是集传承新华书店传统与创新模式于一体的新型书店。中国红色书店将努力把自身打造为"中国最美红色书店"，成为延安最美的复合式、体验式阅读文化空间，成为延安市全新的红色文化地标与旅游名片。

③ **红色故事**。红色故事记录着人民为了祖国统一和繁荣所作出的伟大贡献，这些可歌可泣的事迹，传承着中华人民勇于斗争的精神。每一个革命老区、每一个故事、每一位英雄都是革命时期的最好见证，见证当时鲜红的回忆和闪光的品质。"故事"本身具有口口相传的传播特性，包含革命历史文献、革命歌曲、革命故事等内容。红色故事具有稀缺性和唯一性，浓缩了波澜壮阔的历史，也使得红色内容具有穿透力，超越了时空距离。而讲好红色故事，目的是更好地传承红色基因，充分发挥红色文化的当代价值。在时代发展中需要优化内容供给，在尊重史实的前提下，让红色故事与历史对话、与时代生活对话，并以更具时代性、亲和力、生活感的方式，成为一道可品、可读的红色品牌。让故事通过具有时代特点的渠道和平台传播，增强交互性、互动性和场景化的沉浸体验。将一个个鲜活的场景和人物重新再现，带领我们穿越时光隧道，重回历史现场，与不朽相遇。

（2）隐性红色文化符号

①**红色精神**。红色精神是中国传统文化的升华，是凝聚起来的一直激励后人的优秀文化精神。其表现为民众对红色文化的情感记忆和寄托，是对积极乐观和奋发向上的正能量的精神追求，如延安精神、长征精神、井冈山精神等。红色精神是共产党人留下的宝贵财富，有着独具特色的教育资源，是传承红色基因、继承优秀传统和树立良好品质的好榜样，有着非凡的教育价值和现实意义。红色精神的传承相对抽象，但是表达形式更丰富，可以通过依附实体红色资

源实现，如中共一大纪念馆的"树德里"系列文创、毛泽东故居纪念馆的"奋斗少年"系列文创等，就是由红色精神衍生出的实物文创产品。也可以脱离实体，对红色精神进行深入挖掘，进而再进行二次创作，如红色歌舞剧、红色电影等文化传播作品，其是新时代的文化内涵和情感诉求的表达。

②红色气质。红色气质历经百年砥砺，是红色文化的隐性淬炼结晶。红色气质由无数英雄共同书写，是在传承红色基因和红色精神的基础上延伸的宝贵精神品质，成为有高辨识度的红色品质，呈现出巨大的文化价值。红色气质蕴含着激昂风采，《新青年》传播出熊熊燃烧的火种，中共"一大"会址点亮不朽的灯光，热血青年在渔阳里挥斥方遒；红色气质蕴含着义无反顾，如李大钊、瞿秋白、方志敏等英烈面对死亡的无畏气概；红色气质蕴含着英勇无畏，在川陕交界的大巴山腹地建设的铁道兵，他们遇山开隧道，遇水架桥梁，在修建过程中，许多英勇无畏的铁道兵为了这一伟大工程献出了自己年轻的宝贵生命；红色气质蕴含着倾心扶贫，如长期在偏远地区工作，为国家扶贫事业用生命交出的扶贫答卷的黄诗燕。那些奋战在脱贫攻坚一线、忙碌在生产车间、攻关在科技前沿、坚守在边关哨卡的身影，则构成了新时代气象万千的生动图景，为红色气质注入了新的时代内涵。

6.3.2 红色文创产品的设计思路

（1）精准定位

红色文创产品不同于普通商品，其设计的根本是回归革命精神本身，它是红色文化的产品载本，其核心是对红色文化的传承和展示。在设计红色文创产品时，应始终坚持弘扬主旋律，把握正确的政治方向，通过设计的手段将红色故事、红色传统、红色基因等内容以产品形式具象化，向消费者讲好红色故事，弘扬红色精神内涵。

将红色文化和非遗、民族品牌等相关联时也需要明晰定位，不能随意选择搭配，而是应通过文化内涵分析、背景研究等，将具备逻辑关系、具有叠加效应和共通性的两者有机融合。例如一大文创携手"国民奶糖"大白兔，推出了联名款红色文创奶糖礼盒，以"一大"标志性建筑"树德里"石库门头为原型，开启了一场红色文化与经典国货的时代碰撞。其外观的设计灵感源于中共一大会址的石库门建筑造型，通过工艺的变化，致力于还原石库门的砖瓦质感。红色文化加民族品牌，使得大白兔经典IP兔与石库门相结合，不仅融合了红色初心，也直观体现出了"真理的味道有点甜"。

（2）红色文化元素的挖掘与转译

红色文化具有丰富性、多样性和复杂性。需要对研究对象进行全面且深入的调查研究，并进行梳理、筛选、归纳，结合红色人文、地域特点、历史发展等进行多角度分析，才能揭示红色文化的本源性内容。

首先，需要依托文创产品将红色文化中的红色基因与红色精神进行外显化，将党和人民的革命奋斗故事进行表述及传承。要以形传意实现红色故事的新时代呈现，就需要对当地红色文化的内涵、存在的形态具有深刻的理解和认识。红色文化的提取不是对显性的表层内容进行简单的复制和搬运，而是需要通过溯本求源地挖掘整理，找寻规律，对代表性事物、标志性地标、红色人物、红色事件等红色元素进行提取与凝练，获取相应的红色文化符号。那些将红色元素稍加修改或直接印刷在产品上的"拿来主义"设计方法，因无法构建不同地域红色文化创新设计的差异性，从而使得自身红色文创产品缺乏个性化特征，无法形成鲜明的红色文化品牌，较难提升消费吸引力。

其次，需要实现红色文化符号的通识性转译。通识性转译既能保留鲜明的地域识别特征，又能够引起观者的情感共鸣，在设计转译过程中应确保受众能够无障碍地接受红色文化符号编码与解码的过程和结果。利用符号转译显性的视觉元素（如形制规格、纹饰图案等）和隐性的精神元素，归纳其视觉特征，重构其视觉元素，最终目标是将红色文化融入消费者自身的感受体验中，建立具有红色记忆、红色想象和红色认同的符号语言。

2021年6月3日，中国共产党第一次全国代表大会纪念馆正式开馆，位于兴业路2号的"一大文创"商店也于同日正式亮相。这一年里，百余款以"一大"元素为核心的红色文创产品与公众见面，力图以产品为载体，讲好建党故事，以弘扬伟大建党精神为核心，让观众能够留下感动，带走回忆，以形传意地实现红色故事的新时代呈现，努力打造带得走的红色文化符号。在2021中国时尚盛典上，中共一大纪念馆红色文创系列作品获"年度文创新势力"荣誉。中共一大纪念馆初步形成了具有一大特色的系列品牌，主要包括："党的诞生地——树德里系列""不忘初心系列""馆藏文物与专题展览系列""跨界联名合作系列"等。文创团队将中共一大会址"树德里"石库门的造型提炼成设计元素，构成了"党的诞生地——树德里系列"。"一大文创"通过不断研发、不断升级，将红色文化与创意相结合，将复古与潮流相结合，打破了大众对红色产品的刻板印象，更贴合新时代的审美和潮流，让中共一大纪念馆馆藏成为真正能"带得走的红色文化符号"。

图6-27是与上海老字号光明合作设计的"小红砖"冰淇淋，设计灵感来源于中共一大会址建筑所使用的红砖，草莓冰淇淋的颜色与其相似，且在尺寸上一比一还原了红砖的大小。在光明经典冰砖的基础上，通过新的设计、新的口味，诠释"经典正当红"。从代表性事物、标志性地标等元素中进行提取与凝练，形成相应的红色文化符号，给红色故事赋予了新的时代内涵。

图6-28是《中国共产党章程》楷书字帖套装，在新版党章修订案通过后，"一大文创"推出了《中国共产党章程》（修订版）楷书字帖套装。套装内含《中国共产党章程》楷书字帖一本和印有一大logo的红色宝珠笔一支。

图6-29中的定制款"大白兔奶糖"是中共一大纪念馆里最受欢迎的伴手礼。21颗糖刚好100克，象征着1921年成立的中国共产党已走过百年征程，售价28元也代表从中国共产党成立到中华人民共和国成立用了28年的时间。该产品实现了红色文化符号的通识性转译，既保留了中共一大纪念馆的鲜明的地域识别特征，又能够引起观者的情感共鸣。

图6-27 "小红砖"冰淇淋　　　　图6-28 《中国共产党章程》　图6-29 定制款"大白兔奶糖"
楷书字帖

（3）探索创新式的红色文创设计方法

随着数字技术的广泛商用，大数据、赋智赋能、新媒体传播等概念给予了红色文创产品设计更大的舞台和空间，为红色文创产品的创新性发展提供了新的历史机遇。利用5G、虚拟现实、增强现实等数字技术，迎合了当下文化消费对红色文创产品的审美追求与发展。科技进步推动着文化形态和内容的更新，也能更深刻地体现红色文化丰富的物质形式与精深的文化内涵。例如贵阳长征文化数字科技艺术馆，以"地球的红飘带"

图6-30　贵阳长征文化数字科技艺术馆

为设计灵感，深入挖掘本地长征文化资源，利用数字技术和声光电设备，生动还原长征途中的人物和事件。通过沉浸式体验，激发观者的爱国精神和集体荣誉感，让人身临其境地去体会长征精神，感受峥嵘岁月（图6-30）。

数字化催生了全新的传播模式，也驱动了文化消费的创新发展。应通过调研了解当前用户的设计需求，研究当前文化消费群体，并利用AI技术、参数化设计等方法研究红色文创的多元化设计路径。一方面，文创与数字生态的融合改变着当前非常传统的产销模式；另一方面，可以将红色资源拓展到更多元的产业生态中，扩大红色文化的传播影响力。红色文化基因的数字解码、沉浸式叙事重构、智能生成式设计和动态化产品迭代为红色文化创意设计构建"技术-文化-情感"三位一体的新型产品范式。

现代科技飞速发展，制造业市场需要在有效传承传统手工技艺的前提下，融合高新科技工艺，对接商业需求，提高生产效率和市场融合度。传统工艺与新科技结合，如3D打印技术在非遗、现代工艺美术中的广泛应用，刺绣工艺引入六轴机械臂以提升绣品精度，虚拟仿真优化工艺制作流程等，构建了"技术赋能-产品创新-产业升级"的三维发展模型。该模型可拓展红色文化的创作维度，实现红色文创产品的工艺能力跃迁，重塑红色文化表达，推动红色文创从"文物复刻"向"活态传承"转型，为红色文创产品的开发提供广阔的空间。

6.4　基于中国传统文化的设计实践

6.4.1 洛川布艺设计

（1）设计背景

①生生不息的陕北石狮。陕北石狮是中国传统文化的瑰宝，它们形象饱满，充满力量，是陕北黄土高原上的石雕艺术奇葩。其文化积淀十分深厚，蕴含着中华民族纯正的文化气质，象征着生生不息、繁荣昌盛。在洛川布艺设计中巧妙融入石狮形象与其象征意义，使得设计成果不仅具有深厚的文化底蕴，也富有现代感。在保留传统文化元素的同时，也展现出现代设计的活力和创新。

②千绣百纳的洛川布艺。洛川布艺是中国非物质文化遗产，其以独特的绣法和丰富的色彩而闻名，它代表了洛川的历史、文化和民俗风情。将这一传统工艺与现代设计理念相结合，可以创造出既保留传统特色又符合现代审美的产品。

（2）设计目标与定位

以陪伴玩具以及婴儿玩具为主要设计方向，运用传统的剪纸元素和布艺材料相结合的方式，融合多元文化并加以创新，以满足现代玩具市场需求。

花纹以生长为主题，每个物件所使用的颜色都不相同。所有模块正面绣花纹，背面为魔术贴，方便摘下来玩，颜色选用白色为底，更能凸显花纹的美感。此设计是将从剪纸中提取的元素重新创作而成的纹样进行组合，以蹲坐的狮子为造型，结合炕头狮的形象，以陪伴玩具为主体，融入了现代元素与传统图案的创新设计，尝试以模块组合的形式进行设计，运用剪纸中共生的思想，将狮子的五官、四肢用剪纸中常见的元素代替、组合。

（3）设计的展开与成果展示

炕头狮是陕北特有的，在陕北这种自然条件艰苦的地方，人们将对生命与繁衍的期待维系在对神灵的崇拜上，认为繁衍是生命的无限延续。只有繁衍，即子孙长续，才能达到人类的永生。因此炕头狮也有繁育后代、保佑后生的寓意。陕西炕头石狮造型中，其充满张力的身躯和稳健豪迈的四肢，无处不显示着恢宏的气势与生命力，这也是一种精神状态的符号化显现。狮子本身不具有任何精神，但作品中的狮子却能够获得精神。这些狮子看起来并不像狮子反而更像狗，造型以蹲坐为主，微张着大嘴露出凶猛的牙齿，眼角向上翘。炕头狮的头非常大，与身子约为1∶1的比例，有的看起来很凶，有的呆头呆脑，炕头狮在形态上比较固定，但是在面部表情上每一个都不太一样。石狮子已经被陕北民众当作一种保护符号，炕头狮更是被当作保佑孩子长命百岁的保护神。

图6-31　设计草图的绘制（1）

首先提取陕北剪纸与传统石狮形象的设计元素，绘制设计草图（图6-31、图6-32），并从草图方案中选择最佳设计，进行后续的设计展开（图6-33、图6-34）。之后根据传统洛川布艺风格，同时考虑婴儿的视觉感受，使用明亮、鲜艳的颜色给选定的设计方案上色（图6-35～图6-37）。根据细化的设计方案在纸上画出外观造型，制作成模板（图6-38～图6-40），此模板需要包括设计作品的形状、大小和纹理等细节。选择质量好、安全的布料，按照模板的形状和大小裁剪并缝制、填充，在缝制的过程中，注意保持作品的形状和纹理（图6-41～图6-43）。最后，根据方案对作品进行进一步装饰，形成设计成品（图6-44、图6-45）。

图6-32　设计草图的绘制（2）

图6-33　确定设计方案（1）　　　　　　　图6-34　确定设计方案（2）

图6-35　设计方案上色（1）　　　　图6-36　设计方案上色（2）　　　　图6-37　设计方案上色（3）

图6-38　制作模板（1）　　　　图6-39　制作模板（2）　　　　图6-40　制作模板（3）

图6-41　缝制并填充（1）

图6-42　缝制并填充（2）

图6-43　缝制并填充（3）

图6-44　设计成品展示（1）

图6-45　设计成品展示（2）

（4）设计总结

在洛川布艺设计中，可以利用当代艺术设计发展的浪潮，从当下人们的审美现状与内在精神诉求出发，用当代的视觉设计语言，以不同的应用形式、材料、色彩进行现代图形的转化，尤其是将洛川布艺中的元素转化为现代图形显得尤为重要。而想要得出布艺元素与当代艺术设计中的现代图形之间彼此借鉴的理论依据，则必须探讨布艺与当代艺术设计融合之道。这不仅提高了当代艺术设计的文化深度，也推动了洛川布艺本身的发展。在设计中，应融入当代艺术设计新思维，顺应当下艺术传播潮流，以达到传承民间传统文化、发扬地域文化特色的目的。

6.4.2 基于陕北布老虎艺术的陶瓷音箱设计

（1）设计背景与市场调研

史前人类在原始环境中世代与猛兽相处，崇拜山中之王——虎，并将虎尊为图腾。虎成为先民早期在沟通人神、联系自然等方面最具代表性的精神图腾。纵观整个中国社会的发展历程，虎文化广泛存在，虎刚勇威猛的品性一直深深地沉淀在人类社会之中。虎在人类社会中一直是被人崇拜并畏惧的对象，但是随着社会的发展，逐渐开始转化为逐妖、祛邪、镇宅的形象，成为充满生机和活力的瑞兽。

老虎作为一个符号，凝聚了一个民族、一个地区在历史中显现或隐藏的文化。在文字、语言、诗歌、绘画、小说、戏曲、民俗，以及更为广泛的民间传说、神话故事、儿歌等传统文化的各个领域中，虎的形象无所不在，成为中华文明不可或缺的一部分。作为文化的象征，虎形元素的传统产品是由系统的单元体和相互联系的要素构成的有机体，包括外形、色彩、纹样、装饰、材料和工艺等。

目前，陕北诸多地区由于受外界影响较晚，依然还有部分延续传统的生活习俗，这在陕北布艺玩具上得到充分体现，尤其是布老虎，显示出浓郁的民间风情与原汁原味的黄土文化意蕴。陕北布老虎并非具有实用功能的物品，一般都是作为给晚辈的礼物。依据陕北传统风俗，孩子满月时，要由女性长辈亲属给满月的孩子制作一个布老虎，既是虎头虎脑的寄托又是给孩子的玩偶。民间相信老虎有辟邪的作用。孩子大了以后，布老虎可以作为玩具，成为孩子的"玩伴"。孩子的女性长辈也会制作一些猪、马、牛、驴等布玩具送给小孩。这些玩具工艺精湛，材质柔软，色彩鲜艳，造型天真可爱，饱含亲属对孩子浓浓的爱意。图6-46～图6-48分别展示了陕北洛川县传统布老虎、陕北虎形儿童服饰和陕北虎头枕。

（2）陕北布老虎的艺术特征

陕北民间布老虎的艺术特征包含以下四点。

第一点，"大巧若拙"的表现手法。陕北民间美术在表现手法上往往不以模拟自然为前提，不考虑所表现对象的真实面貌和生理构造，对于所表现的对象大都不作细节刻画，往往是"意在笔先"，以自己心中之意念进行创作，凭借直观感觉和奇特的想象力，大胆取舍，以夸张的表现手法进行创造。

第二点，多样化的表现形式。我国各地区民间都有布老虎，由于地域不同而造就的文化差异性，为布老虎的创作表现提供了丰富的艺术语言，形成了各具特色的风格。如西北方地区用黑色、白色为主底色，配各色布贴面料和刺绣装

图6-46　洛川县博物馆的陕北传统布老虎

图6-47　榆林民俗博物馆和澄城县博物馆的陕北虎形儿童服饰

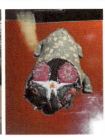

图6-48　建华民俗博物馆和澄城县博物馆的陕北虎头枕

饰的布老虎所形成的威武的风格；江浙地区采用蓝色印花布制作的布老虎的质朴乡土风格；西南地区用蜡染布料制作的布老虎所形成的少数民族特有的装饰趣味；山西、山东、河南的彩绘布老虎所形成的具有装饰性的绘画风格；等等。

第三点，装饰符号的启示与应用。布老虎上欢快的装饰纹样大都是老百姓所喜闻乐见的花草、如意、方胜、云气以及各种有相对固定样式和含义的图案纹样。陕北凤翔的泥虎上布满了含有各种吉祥寓意的纹样，再加上流畅优美的黑色线条描绘出的图案轮廓，最大限度地彰显出了纹样的魅力，即使不上彩，也觉明艳动人。

第四点，特殊文化禁忌。汉代应劭在《风俗通义·祀典》中有这样的描述："虎者，阳物，百兽之长也。能执搏锉锐，噬食鬼魅。"虎被赋予了祛邪避灾之功能，成为人们心目中的吉祥物和保护神。在端午节习俗中，虎的形象扮演着重要的角色。它以勇猛、强健的身姿，震慑、庇护的效力，深受人们的喜爱。人们借助虎威恫吓鬼魅、护佑儿孙，同时希望自己的后代具有虎的精神与形象，虎头虎脑、虎虎生威。陕北洛川的布老虎头部硕大，獠牙上翘，既突出了布老虎的憨厚可爱，也具有古代镇墓兽的气魄。

（3）制作材料与制作工艺

①陶瓷音箱的材料特性。陶瓷材料具有熔点高、硬度高、耐磨性强、耐氧化等优点，其物理特性充分满足音箱产品对箱体材质的要求。其体积与重量相对较大，同时兼具较大密度与自然震荡的特性，足以成为制作音色好、音质水平高的音箱产品的优质材料。

在形状造型方面考虑，选用陶瓷材料作为音箱的箱体材料也极为合理。制瓷的传统技法为手工拉坯，所制成的造型以球形为主，曲面圆弧的特性可以避免箱体内部的尖锐共振，并减少容器外部的高频影响，使声音更加生动自然，从而带来纯净的高品质音色。

②尧头黑釉的文化魅力。陶瓷具有质朴的特点，有着独特的自然之美，给人以亲切的感觉。陶瓷材料与音频的结合，是传统工艺与现代技术的结合，也是一种新的探索与尝试，这不仅是对传统文化的继承，还有助于文化的传播，尤其是地方的陶瓷文化，比如耀州瓷文化、尧头窑文化等。

利用地处陕北地区的尧头窑来完成民间老虎元素陶瓷音箱文创设计（图6-49、图6-50）。尧头窑是渭南历史上著名的民间瓷窑之一。澄城尧头窑烧制的缸、盆、碗、炉、罐、瓶、盏、托、灯、玩具等器皿，用手工拉坯成型，以黑釉为主，用倒焰式的馒头窑烧制而成。尧头窑烧制的器皿造型单纯稳重，色调柔和雅润，纹饰布局疏简不拘，构成了澄城尧头窑独特的艺术风格。

图6-49 陕北地区的尧头窑（1）

（4）设计的展开与成果展示

该陶瓷音箱设计以陕北民间美术中的虎形元素为基础，以不违背陕北传统文化为前提，在传统技艺、材料、工具与现代生活方式、生产方式之间寻求传承与创新的平衡。在陶瓷音箱中加入陕北民间老虎的南瓜眼、片状耳、云纹眉等符号元素，通过传统手工陶瓷拉坯，加入抽象老虎元素的浮雕贴花进行装饰，并进行通体刻花装饰，喇叭位置设计为如同老虎张着血盆大口、伸出

图6-50 陕北地区的尧头窑（2）

獠牙的造型，极具视觉冲击力。纹饰设计丰富有序，疏密有度，使得整个音箱看起来既包含原始风味又有着现代设计感。这种陕北民间老虎元素的黑瓷音箱，具有一种原始、质朴、张狂、遒劲的野性美。设计及制作过程见图6-51～图6-61。

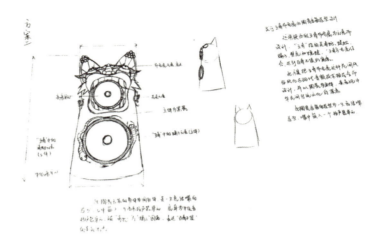

图6-51 绘制设计草图

图6-52 手工拉坯成型

图6-53 绘制老虎的五官

图6-54 开孔

图6-55 捏制五官并粘贴

图6-56 上釉和刻画表面纹饰（1）

图6-57 上釉和刻画表面纹饰（2）

图6-58 晾晒（1）

图6-59 晾晒（2）

图6-60 开窑、安装电路板和喇叭　　　　　　　　图6-61 完成设计作品

（5）设计总结

该陶瓷音箱设计是对经典艺术风格的延伸与创新，也是对传统工艺的传承与发展。现代音频与传统工艺相结合的陶瓷音箱的设计是一条古为今用的道路，也是一次新的探索与尝试。设计师在该陶瓷音箱的造型设计中融入了多种文化，并在此基础之上大胆创新，立足于当下，将陕北鲜明的地域文化与具体的产品相融合，并适当地把当下的设计语言与传统的产品进行结合，最终设计出具有实际意义且不失当代设计色彩的一款产品。

6.4.3 陕北绥德炕头狮文创产品设计

（1）设计背景

炕头狮是陕北老乡家中不知多少辈传下来的物件，是放在炕头拴小孩用的物件，俗称"拴娃石"。在它的符号语言里储存了陕北人的原始文化形态。过去，石匠们没有见过真实的狮子，便将心中所想象的狮子形象生动地雕刻出来，人们相信，用丈二红头绳拴住石狮子和娃娃，石狮子就能获得真实狮子的神威，成为神勇的化身，并有了镇宅辟邪、保护孩子的神性。石匠雕刻炕头狮时不受形制章法的约束，自由随性，根据石形因势下刀。因此，炕头狮造型各异，妙趣横生，或顽皮可爱，或憨厚老实，或庄严肃穆，或喜笑颜开。

（2）设计调研与产品定位

通过问卷调研可知，年轻人对传统民俗融入流行文化基本持支持态度，用户定位为18～30岁的年轻人群体。文创产品品类选择盲盒类产品。

虽然陕北炕头狮形态各异，造型风格鲜明，但其核心文化寓意均是保佑子孙健康平安、保佑家庭幸福安康。因此，设计团队选取"守护"作为文创设计内容，将炕头狮原有的守护孩子、守护家庭的概念放大，立足于当代人的情感生活，设计一组守护现代人情绪的炕头狮IP形象，赋予其新的时代含义，打造属于现代人的"守护神兽"。

（3）设计思路的展开

①绘制设计草图。针对现代年轻人的文化消费需求与审美需求进行设计方案草图绘制，并以此为基础展开后续的设计（图6-62～图6-65）。

图6-62　设计草图（1）

图6-63　设计草图（2）

图6-64　设计草图（3）

图6-65　设计草图细化

②**盲盒人物设定**。7个人物角色：老族长、囵囵（睡眠守护）、一介（自律守护）、梦真（好运守护）、重熙（社交守护）、Johhny（兴趣守护）、乒乒和乓乓（隐藏款，双狮，守护亲密关系）。

③**故事情节**。炕狮一族的老族长年岁已高，他只好从各地召唤回炕氏新的一代，希望他们能够承接守护孩子平安的任务，这次回来了7个孩子。他们深知家族使命，然而也看到了新世界人们的诸多无奈。老族长不知外面的世界历经时代变迁，人们的守护需求也变得多样化。两代人历经三天三夜的沟通，最终老族长让炕氏一族的孩子们去新世界找寻自己的守护对象。孩子们在新世界的历练与感悟中都找到了自己想要守护的人群，炕氏一族的守护重担也得以延续。

④**IP形象设计**（图6-66）。

老族长（图6-67）：老族长的外形保留了原生炕头狮的形象特征，融入了长者饱经风霜的神态要素，其身上的红绳代表着族长满满的守护经验和对后代的深厚寄托。

炕囵囵（图6-68）：这是一只正在打哈欠的狮子。打哈欠能传递困倦的情绪，具有感染力。这一特性契合了囵囵作为"睡眠守护者"的角色——通过打哈欠来引导人进入睡眠状态。除此之外，囵囵的床铺还加入了陕北的一些民俗元素，具有浓厚的民俗风情。

炕一介（图6-69）：一介的外形融入了更多现代元素。小石狮身旁摆放着游戏机、汉堡、玩具等令人心动的物品，即使其忍不住偷偷瞄上几眼，但依旧手捧书本，专注阅读，始终不肯放下。这一形象恰好体现了其自律的守护特性。

图6-66　炕狮一族IP形象设计

图6-67　老族长

图6-68　炕囵囵

图6-69　炕一介

炕梦真（图6-70）：这只小母狮子头上戴着象征幸运的四叶草，身披着舞狮的戏服，脚踩着绣球，这里融合了舞龙、舞狮的一些元素。整个狮子看上去喜气洋洋，透露着幸运之光。

炕重熙（图6-71）：重熙的外形是一只穿着花裙子的小狮子，周围点缀着信封和粉色爱心，象征着社交守护的特性，它伸出的友谊之手与尚未递出的另一只手，都承载着一颗真心，突出"真诚待人足矣"的主题。

Johhny炕（图6-72）：Johhny是一只守护兴趣的石狮子，所以整个外形设计将爱好广泛和突出反差作为重点。Johhny留着反叛的莫西干头，戴着耳钉，背后是吉他、画板与画架，其俨然一副叛逆少年的样子，然而手上却织着最喜欢的毛衣，身旁摆着他最爱的小熊，极具反差感。

炕乒乒和炕乓乓（图6-73）：这对双生狮子的造型契合其守护亲密关系的内涵，两只小狮子紧密相叠，连毛发也交融在一起，展现出无比亲密的关系。

图6-70　炕梦真　　　　图6-71　炕重熙　　　　图6-72　Johhny炕　　　　图6-73　炕乒乒和炕乓乓

（4）文创衍生品设计（图6-74～图6-78）

图6-74　文创盲盒设计

图6-75　文创陶瓷杯与抱枕设计（1）　　　　图6-76　文创陶瓷杯与抱枕设计（2）

图6-77　文创挂饰设计　　　　图6-78　文创水杯设计

（5）设计总结

设计方案解构了陕北炕头狮原本的形象，从炕头狮的"形"入手，既保留了炕头狮的形象特点，又创造出一种有趣的、潮流的、顽皮的炕头狮形象，在形与神中找到一个最契合的平衡点。文创产品将极具民俗风味的炕头狮与现代潮流盲盒玩具相融合，在保留民俗文化内涵的同时，赋予了传统工艺品新的发展方向。设计方案立足于当代人的生活状态与情感诉求，打造属于年轻人的"守护神兽"。

"炕氏一族"炕头狮形象在保留原有石狮颜色和质感的同时，考虑到盲盒产品的色彩工艺特性，在设计方案中做了色彩的丰富化处理。

6.4.4 基于陕北民谣文化的婚嫁产品创意设计

（1）设计背景

民谣是人们通过观察发现自然规律与自然现象后，集体创造出的广为流传、言简意赅并较为定性的艺术语句。

陕北地区民谣以延安和榆林地区的民谣为代表，其句式构架基本相同，延安民谣篇幅偏长。基本构架为前半句以简单直白的语句描写日常生活，后半句抒情，通过质朴的语言毫无修饰地将人们对生活最美好的祝愿表达出来，语句通俗易懂、押韵且朗朗上口。在陕北几乎人人都会唱上几句民谣，来缓解日常农忙时的疲惫。民谣几乎贯穿了陕北人民生活中的方方面面。其中，描述爱情、婚姻的民谣受到了陕北人民的普遍喜爱，它们表达了老百姓对家庭幸福、子孙兴旺、福寿延绵的美好期盼。

（2）设计定位

陕北，这个具有特殊文化符号和文化色彩的地方，不仅向人们展现了独具特色的传统地域文化，更以其蕴含的神秘灵动、胡汉杂糅、粗犷质朴的优秀文化内涵，吸引着更多人了解其文化魅力。本设计从陕北民谣文化入手，希望通过图形创意、文创产品设计与开发等方式推动陕北地域文化的传播，让更多人了解和喜爱陕北地域文化。选取8句与爱情、婚姻相关的陕北民谣作为设计基础，结合陕北剪纸艺术造型特征进行图形创意设计，再以8幅民谣创意图形为基础进行糕点、餐具、冰箱贴、红包等文创衍生品的设计。

8句民谣内容：

茄子拉石榴，千年不断头。

鱼儿戏莲花，两口子结下好缘法。

蝶蝶鱼鱼，儿女缠缠。（"蝶"在榆林方言中叫扇儿。）

上石榴，下葫芦，子子孙孙不断头。

石榴坐个莲花盆，金童玉女引进门。

若要富，蛇盘兔，万事如意两勾着。

喜出莲花和元宝，荣华富贵两口好。

仙桃带莲花，两口子结缘法。

（3）基于陕北民谣的图形创意设计

以8句陕北民谣作为设计创意基础，结合陕北剪纸中的植物、动物纹样，完成8幅陕北民谣图形创意设计方案（图6-79～图6-87）。

图6-79 设计草图

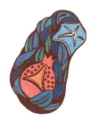

图6-80 方案细化
（茄子拉石榴，
千年不断头）

图6-81 方案细化
（蝶蝶鱼鱼，
儿女缠缠）

图6-82 方案细化
（喜出莲花和元宝，
荣华富贵两口好）

图6-83 方案细化
（仙桃带莲花，
两口子结缘法）

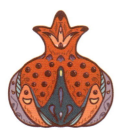

图6-84 方案细化
（石榴坐个莲花盆，
金童玉女引进门）

图6-85 方案细化
（鱼儿戏莲花，
两口子结下好缘法）

图6-86 方案细化
（上石榴，下葫芦，
子子孙孙不断头）

图6-87 方案细化
（若要富，蛇盘兔，
万事如意两勾着）

（4）基于陕北民谣的文创产品设计

①"双喜临门"糕点设计。

"双喜临门"品牌logo设计。双喜临门的logo设计（图6-88）灵感来源于陕北居民建筑窗户上的木质双喜窗格（图6-89）。

糕点模型制作。利用石塑黏土制作糕点模型（图6-90～图6-97）。

图6-88　logo设计　　　　图6-89　双喜格窗格

图6-90　糕点模型
（若要富，蛇盘兔，
万事如意两勾着）

图6-91　糕点模型
（茄子拉石榴，
千年不断头）

图6-92　糕点模型
（石榴坐个莲花盆，
金童玉女引进门）

图6-93　糕点模型
（蝶蝶鱼鱼，儿女缠缠）

图6-94　糕点模型
（喜出莲花和元宝，
荣华富贵两口好）

图6-95　糕点模型
（仙桃带莲花，
两口子结缘法）

图6-96　糕点模型
（鱼儿戏莲花，
两口子结下好缘法）

图6-97　糕点模型
（上石榴，下葫芦，
子子孙孙不断头）

食品硅胶翻模。将制作好的黏土模型放进容器里，将AB硅胶的两组分按照1:1的比例进行混合并搅拌，搅拌均匀后再缓缓倒入盛有糕点模型的容器里，静置待其晾干后再脱模（图6-98）。

图6-98　硅胶模具

双喜临门糕点制作。糕点以绿豆粉为基材，融入抹茶粉、可可粉等材料，丰富绿豆糕的色彩与口味（图6-99）。

　　双喜临门糕点包装设计。产品外包装盒造型借鉴了陕北民居建筑木制窗格的形态。盒内的分包装采用2×4纵向排列的方盒，表面印有民谣创意图形。包装整体采用红色作为主色调，突出喜庆、热烈的氛围（图6-100）。

图6-99　糕点实物　　　　　　　　　　　　　图6-100　糕点包装

　　② "双喜临门"餐具设计。对8幅陕北民谣创意图形进行纹样、色彩的丰富处理，拓展创意纹样的适用性，提升文创产品的视觉冲击力（图6-101～图6-109）。

　　③ "双喜临门"红包设计。红包是中国人在过年过节、儿女婚嫁等重要场合的必备品。寄托了亲朋好友间的美好祝福（图6-110）。

图6-101　仙桃带莲花，两口子结缘法　　　图6-102　鱼儿戏莲花，两口子结下好缘法　　　图6-103　喜出莲花和元宝，荣华富贵两口好　　　图6-104　上石榴，下葫芦，子子孙孙不断头

图6-105　若要富，蛇盘兔，万事如意两勾着　　　图6-106　茄子拉石榴，千年不断头　　　图6-107　蝶蝶鱼鱼，儿女缠缠　　　图6-108　石榴坐个莲花盆，金童玉女引进门

图6-109　餐具实物

图6-110　红包实物

④ "双喜临门"冰箱贴设计。冰箱贴配色借鉴了陕北农民画的配色特点，给人以喜庆、热情、奔放的感觉（图6-111、图6-112）。

⑤ "双喜临门"系列文创产品展示海报（图6-113）。

图6-111　冰箱贴实物

图6-112　冰箱贴使用示意图

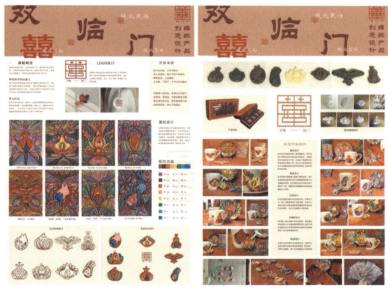

图6-113　"双喜临门"系列文创产品展示海报

6.4.5　陕北剪纸视频动画创作：《剪》

（1）创作背景

陕北剪纸是一项历史悠久的民间艺术，由母亲以口传身授的方式一代代传承下来，它是老一辈陕北母亲祈求幸福生活的一种心灵寄托。陕北黄土高原位于关中平原以北，峁梁沟壑纵横交错，是游牧文明与农耕文明的交汇地。曾经的陕北土地贫瘠，自然环境恶劣，闭塞与贫困成了陕北地区的代名词。生活在这片焦黄土地的老一辈母亲们通过剪纸来抒发现实生活中的苦闷，寄托对美好生活的期盼。当地流传着这么一句话："谁的命越苦，她剪出的花花就越好。"无论她们在生活中经历过什么，她们都愿意用剪刀剪出对美好生活的希冀，以及对子孙后代的祝福。在那个时代，每个妇女都有一把剪刀，剪刀既是她们生活、生产劳动的工具，也是辟邪祈祥的"法器"。

随着社会的发展与时代的变迁，母亲曾经经历的苦难渐渐被遗忘，剪纸背后的动人故事也随着光阴的逝去而慢慢消散，但那一张张精美的剪纸在静好的岁月中被保留并流传。新一代剪纸人手中的剪刀，剪出的不再是生活的酸楚与彷徨，不再是将幸福寄托于上天庇护的无奈，而是美好现实生活的生动呈现，是新时代母亲内心充满阳光的真情流露。沧海桑田，时过境迁，生活于新时代的我们内心不再有恐惧与无奈，阳光与幸福填满我们的心坎儿，但是老一辈母亲的故事却是陕北剪纸的根与魂，不应被抛弃与遗忘。我们再谈母亲的故事，不是追忆苦难生活，而是为了深入理解陕北剪纸的文化溯源和发展脉络。

（2）设计元素的提取与重塑

①**抓髻娃娃**。抓髻娃娃剪纸是中国农村以小农经济为主的农业社会意识和原始巫术联系在一起的一种民间艺术活动。它的思想基础是原始社会人类的万物有灵和灵魂不死的观念。抓髻娃娃在百姓心中具有保护和繁衍之意。娃娃左手举鸡、右手拖兔，是陕北剪纸中抓髻娃娃的典型造型，它是阴阳结合、多子多福的象征。抓髻娃娃手中的鸡和兔有时也会换成其他植物和动物，如莲花、鱼等。《剪》陕北剪纸动画设计中，母亲的角色以抓髻娃娃造型为基础，融入剪刀、青蛙、鱼等元素，表达守护和子孙绵延之意（图6-114）。

图6-114　抓髻娃娃设计草图

②**植物类纹样**。陕北剪纸中植物类图形元素多含有多子、祈福的寓意，如葫芦、枣子花、佛手花、小南瓜、莲花、桃子、柿子、小麦、石榴、白菜等。在设计创作中，对图形元素进行提取、重塑，形成相对简洁明了的剪纸新纹样（图6-115）。

图6-115　植物纹样设计草图

③**动物类纹样**。陕北剪纸中的动物图形元素种类繁多，动物纹样是陕北剪纸图形元素的重要组成部分，涉及许多动物种类。下面选取陕北剪纸中几类典型的动物纹样进行探讨。

a.鸟类纹样。鸟类纹样一般在陕北剪纸中代表着阳性，鸟身饰有各种纹饰。除此之外，鸟类纹样还会与植物、动物相结合，如鸟的口中衔着各种各样的植物、鸡鹤鱼、鹰抓兔。这类组合型纹样大多象征阴阳结合。本设计将鸟的尾部与莲花图案相结合，在鸟身内融入一只小鸟的纹样，象征女性和子孙繁衍之意。

图6-116　蛇盘兔剪纸图形设计

b.蛇盘兔纹样。在陕北民俗文化中，有一句谚语"蛇盘兔，必定富"。谚语中的蛇代表男性，兔代表女性，寓意属兔的女性和属蛇的男性结婚生活会幸福长久。本设计将代表爱情的心形和代表幸运的四叶草图形融入蛇盘兔纹样中，强调蛇盘兔的爱情寓意表达（图6-116）。

c.老虎纹样。老虎是陕北剪纸艺人非常喜爱的动物，有镇宅辟邪、守护家人平安之寓意。陕北剪纸中的老虎形象有的威风凛凛，有的憨态可掬，有的调皮可爱。本设计将猫和老虎的形象结合起来，塑造出一个脖子细长、大眼大耳、身形圆润的虎形象。虎身部分融入圆形铜币纹饰，表达丰衣足食的寓意。

d.蝴蝶纹样。蝴蝶纹样在陕北剪纸图案中经常出现，这类剪纸元素的设计风格较为随心所欲。一般翅膀部分是各种各样漂亮的花朵或者树叶、瓜果等，身体部分细长。有意思的是，在蝴蝶的头部，会加入一个有五官的人脸。在本次设计中，将陕北剪纸中代表吉祥的牡丹和代表求子的莲花与蝴蝶纹样相结合，进行设计重塑。

e.鹿纹样。陕北剪纸中鹿代表着长寿，这类剪纸的造型一般是一个回头看的小鹿，其口中衔着花草，身体也由花草纹样组成。在本次设计中，将其元素进行了简单的提取，重塑了一些创新、有趣的元素图案，打破了传统陕北剪纸"鹿衔草"的形象，重塑出可爱的鹿面娃娃和双头一体的鹿娃娃等新剪纸图案。

（3）《剪》视频动画的创作思路

①**故事内容设定。** 故事内容时间设定在秋天，地点是贫瘠的黄土高原，主要人物角色是母亲，次要人物角色是孩子、老人、死去的丈夫，以及烧杀抢掠的土匪。故事讲述了母亲在天灾人祸面前，用剪纸来祛邪避凶、拯救家人、救赎自我的过程（图6-117）。

②**剧本配音内容。** 那是一个秋天的故事，炽热的金乌肆意地吸干了黄土高原上每一寸土地、每一株植物的水分，树木低垂，百草枯黄，粮食歉收。一孔窑洞前传出了孩子的哭泣声，混杂着老人的呻吟，随后丈夫也被土匪夺走了生命，母亲彻底被这一层层绝望吞噬，晕倒过去。突然，在黑暗中闪出一道光芒，原来是那把闪亮亮的剪刀，剪刀发出的光芒唤醒了母亲，母亲把它紧紧地握在手里，再从怀中摸出几片火红的梨叶。心中美好的期盼，下雨的天空，丰收的土地，还有亲人的样貌，一张张祝福从母亲的剪刀下滑落。每飘落一张，那黑暗便退

图6-117　部分剧本草图设计

图6-118　角色设计草图

散一分，直到黑暗全部消散，母亲的剪纸也变成现实：金黄的麦穗，飘落的雨滴，孩童的欢笑。母亲也在这一张张剪纸里和剪刀一起破损变老。看到美好的期盼变成了现实，母亲慢慢合上眼睛，而那一张张剪纸，仿佛有生命般围绕在母亲身旁跳跃着，倏忽，颜色越变越深，竟化作一片片火红的梨叶，似乎在拥抱着生命逐渐消逝的母亲，最后随风飘散。

③**母亲角色设计。** 视频动画《剪》中母亲的角色内涵就像是抓髻娃娃在陕北人心中的地位一样，能够挡灾避祸、保佑亲人。因此，母亲角色形象以抓髻娃娃造型为基础，融入莲花、青蛙、鸟头等剪纸元素（图6-118）。陕北剪纸中的莲花和青蛙具有生殖崇拜和祈求多子多福的含义，鸟元素在剪纸中具有阴阳结合的文化内涵。《剪》中的母亲经历了生活的重重苦难，但是她内心充满力量，坚韧不屈，坚信世间会有光与爱，相信她和她的家人终会过上幸福的生活。

④**分镜头设计**。依据设定的故事内容，《剪》的分镜头设计共有6个部分。

第一部分：背景描述。巨大的金乌在天空旋转，散发着炙热的阳光，吸干大地的每一丝水分，到处都是晒干的植物，大地也被晒裂开。一孔孔窑洞在这金乌的燃烧下慢慢浮现（图6-119）。

第二部分：苦难生活。母亲和她的家人因为天灾人祸而受苦受难，这些苦难在母亲的周围环绕起来，想要将她吞噬。母亲在苦难中晕了过去（图6-120）。

第三部分：唤醒。母亲的"法器"剪刀将其唤醒，在一重一重黑压压的苦难中，剪刀闪出光芒，唤醒了晕倒的母亲（图6-121）。

第四部分：剪纸。母亲被剪刀唤醒，用剪刀剪出自己心中美好的期盼和对幸福生活的向往。下雨的天空，丰收的小麦，安好的亲人，一张一张剪纸从空中缓缓落下，周围的黑暗渐渐退散（图6-122）。

第五部分：重生。母亲的心愿都变成了现实。母亲通过剪纸唤醒了美好的生活（图6-123）。

第六部分：老去的母亲，破损的剪刀，随着那一张张剪纸化作一片片彩色的树叶随风飘散（图6-124）。

图6-119 背景描述　　　　　图6-120 苦难生活　　　　　图6-121 唤醒

图6-122 剪纸　　　　　　　图6-123 重生　　　　　　　图6-124 老去的母亲

（4）《剪》的文创衍生品设计（图6-125、图6-126）

图6-125　雨伞平面文创设计

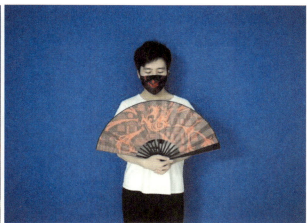

图6-126　口罩与扇面图案文创设计

7

3D打印技术的
产品语义表达

　　"打印"是较为形象的表述，3D打印技术本质上是一种"制作""制造"或"建造"的技术手段。相比于传统制造，3D打印技术在自由设计与复杂实体成型方面优势显著，突破了传统制造在形态复杂度上的限制，因此在产品设计制造领域具有独特的语义内涵。这是人类创造力与智能工具的完美结合，也是一次全新的艺术与技术的跨界融合。

7.1　3D打印的语义创新

3D打印语义创新的核心在于产品所彰显的"数字化制造"理念。与传统工艺相比，3D打印建立在数字三维模型的基础之上，设计构思与实体制造能够实现无缝贯通。艺术家、工程师可凭借参数化建模等先进设计工具，在数字软件中对产品形体进行精雕细琢，并通过适合的算法处理，将想象转化为数字化形态与肌理，从而使产品的每一个细节都能由数据完美再现，确保创意与制造在理念与形式上的高度统一。

3D打印语义创新也体现在形态自由度的突破上。传统工艺往往因为受限于加工工具和模具，无法高效制造出复杂的非规则形态。而3D打印突破了这一限制，基于数字模型的合理构建，即可实现极为错综复杂的参数化造型，甚至可以打印出中空疏离、纤维编织般的结构。这种前所未有的造型能力，能为产品设计带来令人惊讶的视觉冲击力以及无限可能。

另一重要的语义创新在于3D打印产品的"功能整合"性。传统工艺往往需要将部件单独制造后再组装，而3D打印技术具备实现产品整体一次成型的能力，中空部分可与电路管线等功能性元件融为一体。这种一体化集成的设计能力赋予了产品独特的力学性能和功能属性，使其结构更加合理且轻巧，运行更加高效智能，能够完美契合设计师"形随功能"的理念追求。

从审美的角度看，3D打印技术同样给传统产品形态注入了新的活力。它所孕育的作品中常见自然纤维、DNA螺旋等自然有机的结构元素，具有独特的生态张力美感；同时那些利用拓扑优化等算法产生的几何雕塑般的形态，又深深蕴含着具有理性之美的数字风格。因此3D打印因为其本身具备的潜力和能力，将构筑起一种前所未有的跨界审美风格。

3D打印技术也为产品组装、物流运输等生命周期环节带来了革新性影响。由于产品形态和结构发生改变，因此组装工序必将简化，甚至走向整体无需组装的方向。同时，中空结构有助于减轻产品重量，物流运输成本也将大幅下降。

3D打印技术还将深刻影响产品营销和使用的语义内涵。"云制造"模式的崛起，将推动产品设计和生产的去中心化；同时，个性化定制、本地化制造也将成为常态，使产品更贴近用户，并革新营销模式。未来打印材料的不断丰富和拓展，也将赋予3D打印产品更多全新的使用可能。

图7-1为TECLA项目的3D打印建筑，TECLA项目所采用的施工模式本身就彰显出3D打印技术在建筑制造领域巨大的语义变革潜力。该项目采用多台3D打印机协作的方式进行施工，完全颠覆了传统的人工操作模式，实现了真正意义上的数字化智能制造。这种无人化、自动化的建造过程必将极大提高施工效率，降低人力和资源消耗，为建筑业带来前所未有的新发展局面。TECLA项目还体现出3D打印技术为建筑设计带来更高自由度和个性化定制的独特语义魅力。3D打印技术不受模具等因素的限制，能够制造出任意复杂、多变的参数化造型结构。在这一优势的驱动下，TECLA项目所打造的房屋造型别具一格、曲线流畅，蕴含着自然与艺术有机融合之美。这种高度个性化的设计定制，也为建筑艺术带来了新的表现力。

当下，3D打印正以其革命性的制造模式深刻重塑着产品生命周期的各个环节，为制造业带来全面变革。未来，产品语义必将孕育出更多创新的生态形态和发展理念，助力人类社会向更智能化、更绿色化、更人性化的方向持续演进。

图7-1　TECLA项目的3D打印建筑

7.2　3D打印设计思维

3D打印技术的出现，为产品设计带来了全新的思维方式和创意空间。在工程、技术与艺术多领域融会贯通的大背景下，这种创新技术孕育出了与传统工艺迥然不同的艺术形式和设计语言。实际上，3D打印作为一项集成设计与制造的新兴技术，为产品设计注入了全新的创意活力和可能性。3D打印设计思维是设计理念与方法论的具体体现。它突破了传统制造的限制，使设计师能够探索复杂的参数化形态，并追求功能与美学的高度融合。这种思维结合计算机辅助设计、仿真优化等数字化工具，可以大幅提升设计效率和灵活性，从而能够帮助设计师尽情挥洒创意，为产品赋予独特的语义内涵。

7.2.1　思维方式从"单一"转向"立体"

思维方式的转变将催生全新的设计方法、表达手段以及最终的产品形态呈现。在传统的设计过程中，设计师通常采用一种线性的思维方式，这种方式强调的是每一个设计步骤之间的逻辑关联性和连贯性。运用这种设计思维方式时，需要按照一种预定的路径进行设计，从设计的初步概念，到设计的详细实施，最后到产品的最终形态，每一个步骤都需要在前一个步骤的基础上进行。而3D打印设计思维是更接近"立体"多维的思考方式。因其全程采用数字化，所以具有从底层到最终整体的紧密关联性，底层的更改可以直接导致最终形态的改变，反之亦然。这种3D打印设计思维"立体"的特点，也打破了传统思维定势。

3D打印设计思维的立体性使得设计师可以更好地控制产品的形态，并能更好地表达自己的设计意图。在传统的设计过程中，产品的形态往往是由设计的初步概念决定的，而在3D打印设计思维中，可以在设计过程中不断修改和调整相关参数，从而使得产品的形态呈现更加丰富和多样。从单一或线性到立体或多维的设计思维转向将为设计师带来更多的设计可能性，并能更好地实现设计师的设计意图。这种设计思维方式的转变，有助于催生全新的设计方法、表达手段，以及最终的产品形态呈现。

7.2.2 思维方式从"减法"转向"加法"

在人类工艺发展史中，显然可以看到技术从"减法"到"加法"的转变。这个转变不仅仅是技术的进步，更是思维方式的改变。

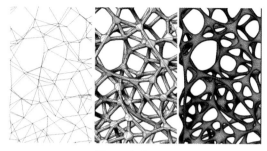

图7-2 参数化设计

在传统的工业制造中，往往采用的是"减法"思维。也就是说，人们从一个完整的原材料开始，通过车削、铣削、磨削等方式，去除多余的部分，最终得到想要的产品。然而，随着3D打印技术的发展，人们的制造思维方式开始从"减法"转向"加法"。3D打印技术通过计算机分层软件将物体的三维模型进行均等切分，还原成二维的切面，然后逐层累积打印成型（图7-2）。这种方式的优点在于，它可以制造出结构非常复杂的产品，相对而言具有节省材料、方便加工、缩短周期、降低成本的特点。

这种从"减法"到"加法"的转变，不仅改变了传统的制造方式，也改变了传统制造的设计思维。同时也带动了设计视角和设计方式的改变。在"加法"思维下，人们不再受限于原材料的形状和大小，可以从更多的角度和维度来考虑设计问题，让设计视角变得更加开阔。设计有了更大的创造空间，摆脱了很多技术束缚，这使得产品的设计语言变得更加丰富和多元。

7.2.3 思维方式与AI融合

人工智能、大数据等前沿技术的涌现，也为3D打印设计思维注入了新的内容，它们之间的深度融合将在无形之中推动产品设计智能化的进程，为产品设计语义注入全新的智能化内涵，从而开启产品发展的崭新维度。设计师可以利用3D打印设计思维，采用智能算法对产品进行拓扑优化和仿生优化，使其获得更加轻量化、高效的智能结构形态。

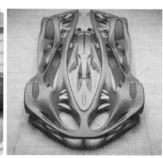

图7-3 新结构产品

其中智能优化是目前最为突出的体现。通过机器学习算法和海量数据训练，3D打印设计可以自动进行拓扑优化和仿生优化，以获得极大轻盈、高效的结构形态。这些优化后的产品结构不仅具备卓越的力学性能，更蕴含着前所未有的生物分形般的美感，实现了功能性与艺术性的完美统一（图7-3）。

智能技术还使得产品获得了自主"思考"和学习适应的能力。通过集成各种智能传感系统，产品可以根据使用环境和场景的变化，自主调整结构形态和功能模式，在一定程度上实现最优选择。这种智能化语义不仅体现在硬件层面，软件算法的智能升级同样赋予了产品持续进化的无限可能。

人工智能技术也为产品注入了"生命力"，使其不再是简单的被动物件，而是拥有"理解"和"思考"能力的智能体。产品与使用环境之间的关系正在发生颠覆性的重构，语义内涵朝着人机交互、人机合作的方向不断延伸。智能技术与3D打印的融合为产品设计语义带来了无限创新的想象空间，设计师的脑力与AI大脑能够通过参数化编程的方式无缝对接，让天马行空的想象力能够在数字化和智能化制造中完美实现。这必将成为产品设计语义持续演化、不断创新的不竭动力源泉。

可以预见，在不远的将来，人类与智能产品之间将形成真正意义上的"共生共赢"关系。3D打印设计思维与智能技术的深度融合，必将推动产品语义向着更加人性化、智能化和可持续的方向不断演绎升华。

7.3　3D打印所需要的软硬件条件

7.3.1　数字软件

数字化建构过程可以从"数字化设计"和"数字化建造"两方面来解释。前者是指通过数字化软件设计和模拟，利用数字化软件进行数字化生成的阶段；后者是指在控制设备的协助下，利用控制设备完成的数字化物化的阶段。

目前3D软件种类繁多，早期大多为直接建模，建模过程完全可视化，建模时无参数参与，若使用参数化设计，应用脚本的编写必须使用软件底层语言。当下数字化设计已开发出若干款数字软件，可将这些软件分成以下5大类。

（1）计算机辅助工业设计软件

主要包括Vector works、MricroStation、CATIA、犀牛等。Digtai Project（DP）是基于Catia V5平台开发的，目前最先进的建筑造型软件，它被运用在2008年北京奥运会的主场馆设计中。自2008年第一版Grasshopper参数化设计插件发布以来，作为犀牛的插件，它兼具早期建模习惯和底层脚本语言的特点，同时以节点式的逻辑链接实现参数化设计过程的可视化，因此它被大多数先锋院校、设计机构和研究者所推崇。而架构于MricroStation的Generative Component（GC）则采用了类似Grasshoper的关联式参数化设计方式。随着数字技术在设计领域的不断推广和应用，建筑设计领域也逐步接纳了这些在工业设计中广泛应用的软件。

（2）计算机辅助建筑设计软件

这类软件常见的有以AutoCAD为基础，主要为信息化建模（BIM）而构建的Revit Architecture。Revit遵循从下往上的关联式设计模式，支持从概念到施工图设计的所有阶段，其核心是对任意位置的变化进行协同调整（即平面、立面、剖面和透视图的同时修改）的参数化改变引擎。Revit与Grasshoper等软件的不同之处在于，它不需要任何编程语言，内置大量的建筑构件，可以方便快速地对建筑设计进行建模，而AutoCAD需要使用其内置的Lisp语言才能实现参数化设计。

（3）视觉影像软件

一般动画视觉表现和常规建模的软件有3ds Max、Maya等，当将其用于参数化设计时，设计研究必须通过程序化语言建立逻辑规则，借助底层语言来展开。例如3ds Max的MAXScript、Maya的埋入式语言MEL等。电脑通过程序指令执行建模、动画、动态、渲染任务，在建筑设计中，可以对各种因素进行仿真与分析，从而为参数设计提供生成路径，比如采用"Multi-Agent System"的智能方法对群体的流动方向进行模拟。

（4）数学计算软件

这类软件具有强大的计算能力，常用于物理、工程和数学领域，如Mathematica、Matlab、Maple等，它们也被称为当今世界三大数学软件。这些软件一般不需要经过后期的修改和调整，通过表达式生成逻辑，其结果直接呈现为图示化的表达形式。除了这三款软件之外，还有K3DSurf，其专门用于曲面的功能建模，它具有简洁的界面和强大的功能，能够直接提供非线性空间形态的建筑设计。一些先锋机构已经开始利用它们生成更复杂、更多元的空间模型。

（5）程序语言软件

尽管程序软件具有很强大的功能，但对于普通的设计人员来说却难以把握，具体涉及C、C++、Java、VB、Python等计算机基础语言。程序语言具有很好的扩展性，目前Grasshopper插件设置了C语言与VB语言的运算，若设计师具有一定的编程基础，则会大幅度提升软件的操作性能。另外，作为JAVA语言的扩展，Processing已经能够可视化地转变指令程序语言，建立了一个良好的数字艺术家、设计师和电脑程序语言的沟通桥梁，目前很多学术机构和建筑院校将该软件作为主要工具来进行教学和使用。

7.3.2 数控设备

数字化设计带来了形态的多元化，使产品设计变得更加复杂。然而，要将这些设计从虚拟模型转化为实际的产品，必须依赖数控设备。在数字化建造过程中，数控设备扮演着至关重要的角色，它们将数字软件中模拟生成的设计分解为各个构件，并精确加工成型。常用于数字设计建造的数控设备包括以下几类。

（1）数控机床

数控机床可以加工各种高精度、复杂化的形态构件（图7-4）。这种数控机床内置程序，需要将数字化软件中输出的数据转化为其默认的操控指令才能精确运行，完成产品构件加工制造。进行数字建造时，需要根据不同材料和加工要求选择特定的数控设备，目前这类数控机床有激光切割机、数控折弯机、多轴联动机床、高压水雕机等。激光切割技术主要应用于材料的平面切割；数控折弯技术主要是针对管状材料的加工；多轴联动机床主要用于加工形体复杂的立体构件；高压水雕机则用于切割一些高精度又易损伤的材料。

图7-4　数控机床

（2）3D打印设备

3D打印设备作为数字化建造中的一项重要工具，已经逐渐在多个领域展现出其独特的优势。它通过逐层打印的方式，将数字模型直接转化为实体产品，这种技术的出现，不仅极大地提高了生产效率，还降低了成本，并赋予了产品高度的可定制性。

在数字化建造过程中，3D打印设备可以快速构建产品的外壳、内部结构等关键部件。对于设计师和工程师而言，这意味着他们可以更加迅速地进行产品原型制作，从而缩短产品开发周期。此外，3D打印技术的高度灵活性使设计师可以轻松地实现各种复杂形状和结构的设计，为产品创新提供了更多的可能性。3D打印设备还可以与其他数控设备配合使用，如使用数控机床进行精细加工、使用激光切割机进行切割等。这种组合使得整个制造过程更加高效和精确。例如，设计师可以先使用3D打印设备制作出一个产品的粗坯，然后使用数控机床进行精细加工，以达到更高的产品质量和精度要求。

除了在产品开发和制造方面的应用外，3D打印设备在建筑行业、医疗行业、教育等领域也有着广泛的应用。例如，在建筑行业，利用3D打印技术可以快速地打印出建筑模型或部件，为建筑设计提供直观的展示和验证；在医疗行业，应用3D打印技术可以打印出人体器官模型或义肢等医疗器械，为医疗研究和患者治疗提供帮助；在教育领域，3D打印技术可以帮助学生更好地理解空间结构和形状，提高他们的学习兴趣和实践能力。

（3）工业机器人

数字化设计由于构建的三量化和安装的高精度要求，如果采用人工方式难免会带来误差，以致影响整体建造效果。为了解决这一问题，目前一些研究机构将一些工业制造流水线上的机器人用于复杂形态的设计与建造。通过程序直接输出空间定位，机器人可以一步到位地将构件搭建完成，大大提高了建造的效率，也保证了最后的成效。它们可以进行各种作业，如操作工具完成某些特定任务，或是移动材料、零件等（图7-5）。

图7-5　工业机器人

工业机器人的广泛应用极大地推动了工业自动化的发展，特别是在制造业中，它们能够显著提高生产效率、降低生产成本，并提升产品质量。工业机器人可以适应各种复杂的工作环境，并执行精确的操作。它们可以编程以执行特定的任务序列，也可以通过传感器和控制系统来适应变化的环境和条件。这使得工业机器人在生产线自动化、物料搬运、焊接、装配、检测等多个领域都有广泛的应用。这类机器人相比于数控机床有着更大的空间位移和灵活性，是数字化建造在今后的主要发展方向。

3D打印技术所孕育的就是一种全新的"设计即制造"的思维方式，打通并融合了过去常规"分隔"的设计环节和制造环节。其中依托参数化设计等前沿数字工具，结合拓扑优化等算法优化结构性能，再借助3D打印技术将虚拟设计变为实体，设计师正在用全新的方式重塑产品的形式语言。未来，他们必将在传统与现代、科技与艺术的融合中，不断探索产品设计的无限可能，从而开辟产品语义创新的新境界。

7.4　3D打印的优点

　　在各个行业中，3D打印技术都是创造力的天然盟友，为设计和制造过程带来了新的空间。3D打印技术赋予了设计更大的自由度，设计师可以充分利用该技术来创作3D打印作品。3D打印技术不断发展，新型材料的种类日益丰富，新材料的应用也正在开辟全新的领域。当下3D打印技术正在为雕塑、珠宝、时装、装置艺术和考古等领域的设计创新以及跨学科的协作做出贡献。

7.4.1 突破传统工艺

　　3D打印技术允许设计师创建任何形状的物体，无需考虑传统制造中的限制，如模具制造、材料可加工性等，能够轻松实现复杂的内部结构、孔洞和曲线等，为设计师提供了

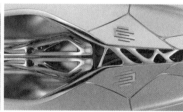

图7-6　汽车拓扑优化后轻量化设计

更大的创新空间。3D打印也支持多种材料，包括塑料、金属、陶瓷、生物材料等，每种材料都有其独特的物理和化学特性，这意味着设计师可以根据应用需求选择最合适的材料，实现特定的功能或性能。3D打印技术可以快速将设计从数字模型转化为物理原型，大幅缩短产品开发周期，所以设计师可以在短时间内制作多个迭代版本，以便进行快速测试、评估和修改。3D打印技术甚至可以实现高度个性化的产品制造，满足消费者的独特需求。在医疗、珠宝、艺术等领域，定制化产品越来越受欢迎，3D打印为此提供了可能，并且可以优化结构设计，减少材料浪费，实现轻量化。这对于航空航天、汽车等需要高性能和轻量化的领域尤为重要（图7-6）。

　　利用3D打印技术可以制造传统工艺无法实现的复杂结构，如内部通道、空心结构、晶格结构等。这些结构可以提高产品的性能、减轻重量或实现特定的功能。对于小批量和定制生产的产品，3D打印技术可以降低制造成本，因为它不需要昂贵的模具或生产线。这使得设计师和制造商更容易进入新市场或尝试新的设计概念。

　　服装产业是一个积极采用3D打印技术的创意产业，许多定制服装设计均受到3D打印技术的启发，并成功制作出来。荷兰女设计师艾里斯·范·荷本（Iris van Herpen）将时尚与科技进行碰撞产生新的火花。她的3D打印时装作品，通过独特的设计理念和制造工艺，为时尚产品注入了全新的语义内涵和艺术表现力。

　　Iris van Herpen以大胆的想象力和先锋设计思维开拓了3D打印服饰的崭新语义空间。她的"水裙"等作品直接打破了服装常规外形，使结构元素像水流般自由蔓延开来，营造出一种犹如水雕般的动态流线型美感，颠覆了人们对时装的固有认知。这种超越常规、追求创新的设计理念，彰显着3D打印为时尚设计带来的全新审美体验（图7-7）。

　　Iris van Herpen的时装设计蕴含着科技与自然的跨界融合语义，体现出3D打印技术拓展传

统时尚语义的独特价值。Iris van Herpen常以各种方式对3D打印件进行"加工改造"，无论是热成型还是人工雕琢，都使得作品的最终形态脱离了工业标准化，回归独一无二的个性化体验。这种传统工艺与尖端科技的融合交织，赋予了时装以全新的思考维度。

图7-8为Iris van Herpen设计的白色塑料骨架礼服。整个骨架服装都是3D打印技术的产物，廓形硬朗，且礼服结构形态完美地贴合人体曲线，其结构繁复，立体感强，极富艺术性。

图7-7 "水裙"　　　　　图7-8 白色塑料骨架礼服

Iris van Herpen的3D打印时装的呈现说明3D打印不仅仅是单纯的视觉表现，它们的语义维度超越了设计本身，也映射出了人类在科技与人文之间永不停歇的思索和探究。这种前沿时尚的独特魅力，必将持续推动时尚语义向更高更远的境界演化。

7.4.2 成为关键制造工艺

设计师往往在设计和执行方面受制于制造问题，无论是创作很小还是很大的作品。当产品细节之处过于复杂时，如果没有数字制造技术支撑，就难以实现复杂作品的制造。例如，珠宝设计业是一个越来越依赖3D打印的行业，它使珠宝设计师能够创建比纯手工制作更复杂的设计。

3D打印深度介入珠宝设计行业，不仅在于它可以直接依据设计方案将产品制造出来，还在于它可以根据实际需要，发挥非常重要的辅助功能。例如珠宝设计行业常常需要采用失蜡铸造的方式制造模具，我国的失蜡法历史悠久，大致起源于春秋时期。当下常规失蜡工艺流程如下：开胶模、注蜡（模）、修整蜡模（焊蜡模）、灌石膏筒、石膏抽真空、熔金、浇铸、炸石膏、酸洗等，需要专业的师傅精雕细琢，而借助3D打印的DLP光固化蜡模，可以从生产过程中省去传统步骤，从而节省大量的时间和成本。另外，3D打印蜡模在质量和尺寸公差方面始终保持一致，避免了不必要的失误，大大提高了生产的效率，为全方位的个性化定制提供了可能。

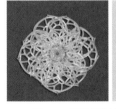

图7-9 宝相花设计效果图、3D打印蜡模和失蜡铸造工艺制品

如图7-9所示，采用DLP光固化蜡模3D打印设备（ProJet MJP 2500W设备）打印蜡模（紫蜡、白蜡在一起，白蜡是水溶性），去除水溶性支撑（白蜡部分），然后确定蜡树（蜡流道注铜）。制作石膏模具，然后通过电烤炉对石膏模具进行升温烘烤，融掉紫蜡，石膏模具形成空腔，铜液顺着蜡流道注入。待冷却后去除多余的铜支撑，最终采用喷砂工艺进行表面处理（图7-10）。

图7-10 黄铜实体铸造／田宇曦

7.4.3 便于参数调整

当下医疗康复设计和雕塑创作领域普遍使用数字技术，通过3D打印可以为客户快速定制产品，通过数字存储、数字设计和数字制造，大大加速了设计的迭代，增加了设计的简便性，也使医疗康复设计的生产成本更低。当需要较小尺寸的模型时，设计师可以充分利用参数进行调整，并通过3D打印快速地制造并保存。因此设计原型的放大、缩小和修改变得容易，并且可以大规模扩大生产，大幅提升生产效率。

例如参数化3D打印枕具设计案例。数字科技的飞速发展变革了枕具的设计、制造与体验方式，不仅为枕具提供了新的设计思维、制作手段与信息反馈机制，也助力了枕具的创新性发展。一体化数字设计到制造对枕具的算法的支撑、参数化生长、数字化深度设计、数控加工及3D打印起到了重要支撑作用。相对于传统制造，这是一种全新的设计思维与制作方法，它为枕具的形体生成、纹饰扩展等带来了全新冲击，利用数字算法可以突破其形体及结构复杂性带来的限制，生成新参数化枕具的语义。

首先，对人体结构进行3D扫描，目的是提取出设计的主要参数（头部、颈椎和背部的曲线弧度），并将其他尺寸参数建立与主参数对应的约束关系式。实验设备采用中国先临三维科技股份有限公司的Einscan Pro2X手持式工业级便携式人体人像扫描仪。利用手持式3D扫描设备进行测量，测量范围包括头后部、颈部、背部和肩部，在放松状态下采用坐姿测量头、颈和背部曲线的情况，对调查结果进行研究分析并提出相应对策。

然后，使用三维建模软件进行实体化模型建立，通过Grasshopper等可视化编程软件进行参数化建模及二次开发，通过提取参数模型的尺寸参数和约束关系式，可以让产品与用户自身数据相匹配，实现使用者与设计环节的良好协调合作，以满足当代个性化、多样化的需求，从而完成令使用者心仪的产品造型设计。

针对这种有别于传统制造方式且制造难度非常高的几何结构，可以通过优化算法使材料分布在形态合理的部位。通过类似的仿生结构，提升3D打印的可能性，既解决了个性化制作的问题，又实现了数字化陶瓷特有的工艺之美。通过调整枕具的参数，既可以获得不同的形式之美，也可以满足不同人体的需要。

依据获得的目标人体数据建立一个完整的曲面（图7-11），通过控制点进行调整，使其与得到的脊柱曲线相吻合。然后利用Grasshopper插件Lunchbox构建枕具基础框架（Lunchbox插件具有建立参控的数学曲面与结构的能力），使用插件Lunchbox将曲面转化为线性结构，后通过调整参数得到初步的结构线。将得到的结构线提炼为粗略的线性结构（图7-12），考虑到睡枕的舒适性以及结构的支撑性，在不动框架的基本支撑结构的基础上进行更符合人体结构的调整，得到最后的初始框架。

图7-11　设立关键数据点　　　　　图7-12　形态支撑路径及支撑点

图7-12是枕具在颈部的接触面最大同时使颈部的弧度曲线贴合、平顺的状态。因此该枕具可以恢复颈椎的生理曲线，让身体达到放松状态，从而使颈椎达到慢慢修复的效果（图7-13）。整体形态和结构一体化设计，在保留核心的颈部与头部区域之外，调整在基础框架上不必要的结构，使得整体看起来更加简约、通透。图7-14为枕具效果图以及打印实物。

图7-13　三维人体数据曲线与枕具匹配　　　　　　　　　　图7-14　效果图及打印实物

7.4.4 交融与拓宽

3D打印技术作为一种融合多学科、跨界创新的前沿工具，正在为人类社会的多个领域注入全新的产品语义内涵，为人类发展带来无限可能。

在文化遗产保护领域，3D打印技术展现出独特的复原修复语义。通过3D扫描和重建技术，即便是残缺不全的文物艺术品也可以被数字化复原并打印出完整的复制品，为修复工作提供了全新途径。这不仅革新了传统的修复流程，更有助于消除时间或其他力量带来的损坏，最大限度还原文物的本来面目，传承人类宝贵的文化基因。

在无障碍设计领域，3D打印技术则体现出公平和包容的语义内涵。利用这项技术，视障人士可以通过触摸3D打印作品的方式，领略视觉艺术品的独特魅力。这种创新实践扫除了视障者欣赏艺术的障碍，为他们打开了通往艺术世界的大门，体现出技术应用所蕴含的人文关怀。

在医疗健康领域，3D打印语义内涵则体现在开发人体机能的巨大潜能方面。借助这一技术，可以为残障人士等制造出个性化的假肢或医疗植入物，大幅提升他们的机能水平，使其重拾生活自理能力。这种创新应用不仅延伸了3D打印的使用范围，更填补了现有技术的缺陷，为残障人士带来了全新的发展机遇。

从更高的层面上看，3D打印技术的跨界融合昭示着一种新型的技术语义时代正在到来。它打破了过去单一学科的界限，汇聚了工程、艺术、人文等多领域的智慧和创造力，催生出全新的跨界产品和解决方案。这种多元、包容、开放的语义内涵必将持续引领科技向更加人性化的方向发展，造福人类社会的方方面面。

图7-15中的案例生动展示了3D打印技术如何为文化遗产保护注入全新的技术内涵，为艺术修复工作开辟了前所未有的可能性。传统修复手段常因技术或材料的局限而无法完美还原文物原貌，但3D打印技术的引入极大拓宽了修复的边界。通过3D扫描、数字建模等先进手段，修复人员能够高精度重建文物原始形态，确保修复风格的一致性，最大限度地减少主观解释的干扰。

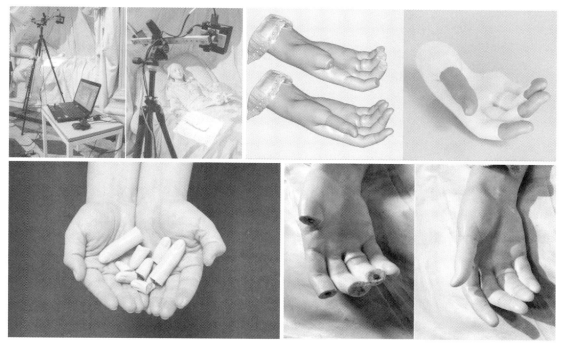

图7-15　3D打印在考古修复中的应用

　　3D打印技术为修复工作提供了高效、精准、可视化的制造途径。修复人员可借助3D打印预先评估和优化修复方案的可行性，消除盲目性，减少不确定风险。3D打印技术能以高保真度复刻文物细节，确保修复件与原作在比例、纹理、质感等方面的高度贴合。

　　这一过程中，跨学科融合的语义内涵尤为突出。计算机、雕塑、材料等领域的专家通过数字化工具实现了无缝协作，共同完成修复重塑的艺术创作。这种跨界合作不仅促进了知识的交流渗透，更体现了数字技术在消除学科界限、推动协同创新方面的独特价值。

　　同时，3D打印修复技术还彰显出弘扬文化传承的技术内涵。通过对大师级艺术家原作的数字化修复，我们不仅能充分还原杰作的原貌，更能在极大程度上呈现出艺术家的创作理念和风格特色，确保文化艺术在时代更迭中不断传承、发扬。

　　3D打印修复技术的可逆性和无损性，也凸显了文物保护的语义内涵。利用3D打印件和磁力吸附等技术，可实现修复件与原作的无损分离，最大限度地避免对文物的损坏，体现了对文化遗产保护的高度重视。3D打印技术在文化领域的创新应用，展现出了跨界融合、文化传承、保护创新等丰富的语义内涵，为人类文化遗产的保护利用注入了全新的生命力。

　　3D打印在其他领域（例如公益领域）也具有巨大的发展潜力。"看不见的艺术"项目通过3D打印技术将经典艺术品"物化"为可触摸的实体作品，为视障人士打开了一扇全新的艺术体验之门，这一创新实践蕴含着极为丰富的人文关怀和社会包容的技术内涵。

　　这一做法本身就体现了人性化的无障碍设计理念。艺术原本应是人人可以欣赏和分享的精神财富，但由于视障的存在，部分群体长期无缘感受视觉艺术的魅力。3D打印技术的运用，让视障人士终于能通过指尖之触来直接感知艺术品的形体之美，从而获得前所未有的艺术体验，切实实现了"无障碍艺术"的终极梦想（图7-16）。

图7-16 盲人可以触摸的世界名画

图7-17为Youbionic公司推出的3D打印"增强手"设备，将机器人技术与3D打印的柔性制造优势完美融合，赋予了人类前所未有的"超能力"体验。这款外骨骼式可穿戴设备不只是简单的辅助工具，更是人机交互、人机合一的典范，通过3D打印技术实现了对机能增强设备的精准个性化定制。可穿戴装置的结构和运动机理能够与每位用户的手指活动路径精准匹配，确保外骨骼能像人体的延伸部件一样高效协调。这种"量身定制"的技术能力，正代表着3D打印技术有为特殊群体提供无与伦比的个性化服务的能力。3D打印增强手的灵活可塑性赋予了产品无限可能。它能根据使用场景的不同，实时调整辅助机构的形状和运动路径，无论是工作学习、家居生活，还是娱乐活动，都可以"无缝切换"，以高度贴合用户需求。这种高度灵活的适配性正是3D打印技术的天然优势所在。通过先进的人工智能

图7-17 Youbionic的"增强手"

算法和精准的运动控制，这一可穿戴装置可以与人体运动模式高度同步，彰显出人与机器的完美互补关系。

7.5　3D打印的形式美

3D打印技术以其独特的"所见即所得"特性，为我们展现了一种全新的创作方式。这种技术使得设计师能够以前所未有的方式，直观地实现他们新颖、独特且超前的设计构想。通过3D打印，复杂而精细的结构得以轻松实现，这在传统制造技术中几乎是不可能完成的任务。

3D打印技术的美学价值体现在其多向性和多维度上。设计师运用程序算法来模拟自然界的规律，制定出形态生成的规则。他们将这些规则应用于目标性的题材，进行数字化的探索，从而创造出既包罗万象又目的明确的形态。这种形态既体现了复杂的美学形式，又蕴含着深刻的逻辑关系，形成了一种独特的矛盾统一体。这种全新的艺术形式不仅展示了3D打印技术的独特魅力，也为我们提供了一种全新的视角和思考方式。通过3D打印，设计师得以将他们的想象力和创造力转化为现实，从而创造出一种全新的美学体验。

7.5.1 3D打印突破了传统美学认知

　　尽管3D打印工艺依托于3D打印技术，其形塑与制作过程看似冷静理性，但在美感来源、艺术形态的多样性以及开放性造型手法等方面，已明显超越了当前传统认知框架。在这一技术的早期阶段，3D打印曾被视为机器功能性的延伸，实验证明，在构建类似于无机形态的几何组合变形时，其展现出了独特优势。然而随着3D打印技术的快速发展和人们对其深入探索，这项技术以其显著的技术优势崭露头角，以一种纯粹的功能化形式展现在世人眼前，导致人们对传统美学观念的理解出现断裂。由于缺乏对传统美学关联性和继承性的把握，技术的高调介入使得人们面对全新的形态语言时往往无所适从。目前3D打印所引发的审美困惑正源于此：它更像是一场过度的技术展示，而非一个基于完整逻辑的形态呈现。

图7-18　3D打印椅

　　例如德国设计师Marco Hemmerling和Ulrich Nether运用3D打印技术创造出一款名为"Generico"的椅子，这款椅子在造型上、结构上不同于传统审美的椅形（图7-18）。设计师摒弃了传统的几何造型，转而模拟生物有机形态，让椅子如同大自然中孕育出的有机体一般，充满了生命张力。设计师首先对结构性能、材料特性和人体工程学要求进行了深入的分析，以确保椅子在满足刚度和舒适度的同时，也能适应各种坐姿和体型。通过运用FEM软件进行3D模型审查，他们精确地测量了椅子的变形和应力，从而确保椅子在各种使用场景下都能保持稳定。同时，他们采用了创新的计算方法，成功减少了椅子的部分体积，使其更加轻便。这种设计不仅响应了负载力和人体工程学条件，更在视觉上呈现出一种轻盈而富有生命力的美感。

7.5.2 新技术拓展了"工艺"概念

　　3D打印等新兴技术的出现，为"工艺"这一概念注入了全新的内涵和语义，拓展了其原有的内涵外延。传统工艺技术在形态创新上受到诸多材料和工序的制约，而3D打印技术则突破了这些束缚，为产品形态设计带来了前所未有的自由度。它可以还原出参数化编码设计中的任意复杂造型，让虚拟的几何形态在物理世界中得以呈现，摆脱手工艺术品形式单一的局限性。更重要的是，3D打印作为"加法"技术，其本质上就是通过逐层积累的方式构筑实体，这与传统"减材"工艺截然不同，展现出全新的制造理念和语义内涵。

　　3D打印正在拓展"工艺"概念的语义边界。"工艺"的内核不应仅限于手工技巧的熟练掌控，更应囊括先进技术手段的创造性应用。3D打印技术通过整合参数化设计、拓扑优化算法、智能路径规划等前沿知识，让"工艺"这一概念不再是简单的"手"的体现，而是"脑"的高度发挥，充分体现了人类智慧的现代语义内涵。

图7-19的3D打印自行车头盔由周跃峰、徐哲成和王海伟三位设计师设计，其设计灵感源自Voronoi（也称为泰森多边形结构，是一种空间分割的方法）。因为Voronoi结构有助于将外部冲击从头盔中心分散到头盔的其他区域，从而实现更稳定的受力分布。该头盔能够为人们提供更好的保护，并且这种利用Voronoi进行参数化设计并3D打印出的产品，与"标准"自行车头盔相比具有重量更轻、更加透气的特点。

3D打印技术还为"工艺"注入了跨界融合的全新语义内涵。3D打印产品汇聚了艺术、工程、自然等多元文化的设计元素，是科学理性与艺术创意的极致融合。作品中蕴含的参数化编码、有机流线、生物分形等元素，无不映射着数学、力学、生物学等多领域知识的印记，展现出跨界融合的现代工艺语义魅力。

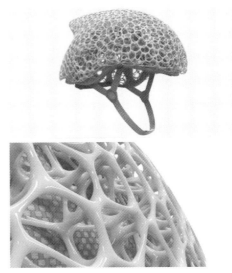

图7-19　3D打印自行车头盔

从另一个层面看，3D打印技术更让人们预见到未来"工艺"发展的新趋势和语义走向。它代表了新一轮科技革命给"工艺"带来的全新发展机遇，为工艺品的智能化定制、个性化定制等开辟了新的可能性。新工艺手段和新型智能技术必将共同重塑"工艺"时代内涵。

7.5.3 新技术的核心是新的艺术语言

3D打印艺术实际上代表了一种全新的艺术语言和美学观念，它蕴含着人机交互、跨界融合的独特语义内涵。核心语义在于，3D打印艺术是人类智慧与机器智能的完美结合。它并非单纯依赖3D打印这一技术手段，而是人类创造性思维与数字编码设计的结晶。艺术家运用参数化建模等数字化工具，将主观想象转化为精密的数字逻辑指令，再由3D打印设备高度还原为实体作品。因此，这种艺术形式既有人性化的独特创意，又具备机器化生产的标准化优势，体现了人机和谐共生的语义内涵。

另一独特语义在于3D打印艺术的跨界融合性。它汇聚了艺术、科学、工程等多个学科领域的智慧元素，不仅有助于艺术形式语言的创新，更为不同领域的思维沟通和知识渗透提供了纽带。精密的数理建模、先进的计算分析、尖端的制造工艺等都与艺术创作过程密不可分，促进了学科之间的交流互鉴。

3D打印艺术还蕴含着"非常规"的审美语义。与传统的手工艺术不同，它通过编码算法和自动化制造，赋予艺术品极为独特的造型、结构和肌理。许多看似不可能的有机、参数化外形在此得以实现，这种打破常规的视觉震撼正是其独特的审美魅力所在。3D打印艺术所体现的语义正指向艺术发展的未来方向。它代表了技术与艺术融合的新时代，预示着全新的艺术理念和表现形式将孕育而生。数字化智能正在重塑人类的创造力，为艺术注入新的能量，这也将成为艺术语义演化的关键力量。

7.5.4 外在形式与内在结构的交融

现今形态的发展正在逐步进入第三个阶段——数字阶段，不同于之前第二阶段的工业阶段，以及第一阶段的手工阶段，这种3D打印技术与艺术创新性的跨界组合，将成为一种新的成型工艺，为整个行业寻求到了一个可以突破的艺术发展方向。在继承传统工艺的研究基础上，对3D打印技术的形式美进行梳理与挖掘，不仅可以完善系统性的3D打印艺术理论，也可以在理论上解决常规形态艺术与数字化艺术的冲突以及矛盾问题，实现艺术共同进步的可能途径。

3D打印打破了传统工艺的制造限制，使设计师可以大胆尝试各种复杂、有机的几何造型。这种前所未有的创作自由，催生了与众不同的艺术形态语言，蕴含着对超越常规、追求创新的审美诉求和理念寄托。

3D打印产品往往具备内外关联、外形与结构融为一体的特征。这种"外表内里"的独特设计理念，很好地体现出现代审美趋于简洁实用、追求物质与精神的有机统一。其轻盈流畅的曲面和参数化有序的肌理，也赋予了产品一种具有生命般的活力与律动感。3D打印工艺的参数化设计和数字化智能优化，使产品形态的每一个细节都达到了前所未有的合理性与适应性。这种"数字化美学"蕴含了现代理性主义思想，也彰显了人类持续不断的技术进步的成果。

在时尚与科技的交汇点，一款由德国设计师Stephan Henrich为Sintratec公司精心打造的运动鞋正崭露头角（图7-20）。这款运动鞋不仅仅是行走的装备，更是艺术与工艺、理论与实践完美结合的象征。这款鞋采用了激光烧结成型技术，利用柔性TPE材料打造成型。通过3D打印技术，这款运动鞋可以根据每位穿着者的独特脚型进行定制，进一步增加舒适度和贴合度。这不仅解决了传统运动鞋可能存在的尺码不合适、穿着不舒适等问题，更让每双鞋都成了独一无二的艺术品。

图7-20　Stephan Henrich设计的3D打印鞋

3D打印技术的应用，不仅改变了运动鞋的制造方式，更打破了艺术与工艺、理论与实践之间的传统鸿沟。它促进了不同领域的交叉渗透与创新融合，让运动鞋这一看似简单的产品，拥有了更加复杂和多元的内涵。这种创新与融合，正是当代艺术追求多元化、包容性和前卫性的生动体现。它让运动鞋不再仅仅是行走的工具，更成为一种展现个性、追求时尚的艺术品。

7.5.5 整体规律与和谐

3D打印产品的外在形态虽然常呈现曲线流畅、造型有机的特点，但其实其设计都植根于严格的参数化数字设计和算法逻辑。通过计算机编程，设计师可以精确控制产品的每一个细节，使其线条、比例、结构等元素遵循内在的几何规律性。因此，这些看似随性的有机形态，实则蕴含着有序、理性的设计思维。

3D打印技术还赋予产品内部空间结构的特殊表达力。打印件往往是中空的、由内部骨架构筑而成的，其内在结构布局正是借助拓扑优化等算法优化所得，力学性能与承载分布井然有序。这些产品外表的自由不羁，与内里的规律有序形成了辩证的统一，展现出理性与自然、秩序与自由的有机融合。更重要的是，3D打印产品的整体审美效果也体现出一种内在的规律性和谐统一。虽然造型常见不规则、参差不齐的元素集群，但通过设计师的巧妙编排，这些零部件往往能组合出精巧内敛、秩序井然的整体感。如同大自然般，看似随机的细节却组成了和谐的整体，蕴含着一种艺术般的生命律动美感。

图7-21为设计者Anima模仿自然生长算法并利用3D聚酰胺打印制作的电小提琴。设计者摒弃了传统的木制声室，为了平衡功能性而创造了一种类似于骨骼的结构，并且使琴身在材料使用最少的情况下具有很高的强度。3D打印技术所孕育的产品形式美学，集中体现了近代科技美学的内在语义特质。它以先进的数字化工艺和理性算法为基础，借鉴自然之道，让产品在外表的自然化中显现出内在的人工理性，在自由灵动的造型中透露出深层次的秩序与谐趣。这种混合了理性与感性、自然与人工的设计语义，正是3D打印技术独树一帜的审美魅力所在。

图7-21　3D聚酰胺打印和碳纤维制成的电小提琴

7.5.6　理性与美感的统一

3D打印技术为产品形式美学带来了一种全新的理性与感性的统一体现，赋予了产品丰富独特的语义内涵。

3D打印产品展现出了严谨逻辑和简约精练的理性之美。数字化参数设计使产品形态精确可控，体现出极高的工学计算逻辑。去除了多余的装饰元素，产品造型追求的是结构本真、功能至上的简洁实用主义风格。这种视觉上的净化，正呼应了现代理性审美的极简哲学。3D打印作品并非单纯的理性之作，其中也蕴含着丰富的感性

图7-22　Joshua Harker设计的3D打印服饰

科技美学。它往往采用有机流线型的整体造型，使产品形体富有生命力和动态美；中空疏朗的内部结构，展现出天然物质般的内在肌理；通过仿生优化，产品的每一个细节都恰如自然界的万物般合理、和谐。这些美学特征折射出人类对自然和谐秩序的无限向往。

艺术家Joshua Harker的3D打印作品（图7-22）是一次令人瞩目的创新，他巧妙地将这项技术与自己的服饰设计相结合，呈现出一件充满古代人类装饰品的象征意义和仪式意义的作品。

Harker的灵感来源于美洲原住民的传统面具和装饰品，他将这些元素融入自己的设计中，使得整件作品充满了原始、神秘和独特的韵味。这件设计作品不仅展示了Harker对3D打印技术的深入理解和精湛运用，更体现了他对美洲原住民文化的深深敬意和独特见解。

可以说3D打印技术使产品形式在理性和感性之间达成了前所未有的平衡与统一。它以高度理性化的参数化方式模拟自然之美，又以纯朴自然的形态展现工程理性之美。这种理性与感性的有机融合，构成了3D打印产品独特的审美魅力。3D打印产品在形式之外，也蕴含着更为深层的语义内涵。它是工业文明向数字时代演进的重要里程碑，代表着人类对智能制造和人机共生的不懈探索；它也是跨界设计理念的体现，凝聚了工程、艺术、科技、自然等学科的智慧结晶。

7.6 多材料的3D打印在设计与制造中的创新运用

不同的工具创造的艺术形式会产生不同形态语义。数字技术深度介入产品设计，除了使创作方法发生改变外，也促进了材料、技术和相关学科的革新，可以拓宽、深化和丰富艺术活动的范围、理念、主题、内容及其生产。新的形式或手段的出现必然会对旧的形式或方法产生影响或冲击，或者促进设计的跨界发展。而利用各种材料（如水泥、陶瓷、金属、高分子等）的3D打印进行艺术创作和生产制作，也会在更大程度上改变设计的制作方式，激发一些全新的思维与形式，从而产生令人耳目一新的设计作品。

7.6.1 高分子材料3D打印

作为3D打印的重要环节，材料的选择起到了举足轻重的作用，目前常用的3D打印高分子材料有聚酰胺、聚酯、聚碳酸酯、聚乙烯、聚丙烯和丙烯腈-丁二烯等。以塑料为代表的高分子聚合物具有在相对较低温度下的热塑性、良好的热流动性与快速冷却粘接性，或在一定条件（如光）的引发下快速固化的能力，因此在3D打印领域得到快速应用和发展。同时，高分子材料的黏结特性允许其与较难以成型的陶瓷、玻璃、纤维、金属粉末等结合形成全新的复合材料，从而大大扩展3D打印的应用范围。因此，高分子材料成为目前3D打印领域较为基本的和发展最为成熟的打印材料。

目前应用较多的高分子材料3D打印技术主要包括立体光固化成型（SLA）、熔融沉积成型（FDM）、选择性激光烧结（SLS）等。高分子材料3D打印技术广泛应用于医疗行业、建筑行业、汽车制造行业等多个行业和领域。高分子材料为3D打印技术带来了发展机遇，同时也赋予了3D打印产品轻质、高强、耐腐蚀的特点。

图7-23为自行车设备制造商Fizik创建的第一个3D打印自行车鞍座。这款车座采用参数化设计的缓冲垫，利用3D打印技术制成，使得该产品具有动力传递性、减震性、稳定性和舒适性。经实际检测，这种3D打印制作的鞍座要比传统的泡沫缓冲垫更轻，可以适应用户不同的骑行姿势，更好地满足骑车人的需求。

图7-23 Fizik的3D打印格子缓冲垫

另一个高分子材料案例是一把特殊设计的椅子，该椅子的设计灵感来自单细胞自然结构的放射虫，放射虫是海洋中漂浮的单细胞原生动物，因为具有放射状排列的线状伪足而得名。通过3D打印完成的放射虫结构的椅子具有出色的灵活性、适应性、坚固性和稳定性（图7-24）。3D打印生产使得该座椅的生产时间和能源消耗较传统方式减少了50%。经过设计的优化，以最有效的方式使用能源和材料，使之成为一把无需使用胶水的椅子，完全由可回收聚酰胺（PA12）制成，这把椅子的所有元素都可以通过3D打印设备一次性生产完成。

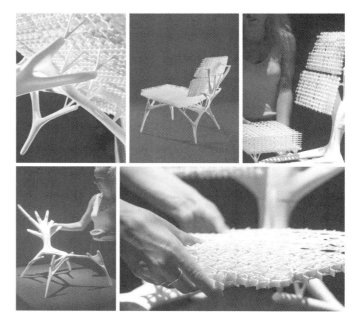

图7-24 放射虫结构的椅子

7.6.2 陶瓷3D打印

陶瓷数字化制造领域目前以3D打印技术最具代表性，随着3D打印技术的发展，陶瓷可以利用"增材"的方式制造出来。目前陶瓷3D打印涵盖多种工艺，其中以SLA、SLS、FDM等技术为主。

自古人们都在用双手去触摸、体验，用智慧去思考和感悟泥土，从而创造了千年陶瓷艺术和陶瓷文化，古与今的技术与文化在陶瓷艺术的发展过程中不断交融，共同发展。而当代的陶瓷艺术在传承性与创新性、装饰性与观念性、传统工艺与现代技术的互补和互动中，变得更加丰富和多元。3D打印的新技术可以赋予产品一种不着痕迹的形式美感，胜似浑然天成，这些特性使其完全可以传达传统技术难以表达的内容，形成了新的面貌，具有独特的研究价值。陶瓷艺术在这场数字变革中，最终将会出现迥异于传统陶瓷的艺术形态，视觉效果将会获得最大程度的独立展现。

图7-25为设计者在对史前黄河流域的中国传统陶鼓进行收集、解读的基础上，基于增材制造思维，利用FDM形式的3D陶泥打印技术手段开展的设计实践。该设计既要考虑陶鼓具有适

于现场表演和渲染气氛的外形，也要具备发音功能与声学结构，于是设计方案采用八个类似外骨骼形态的肢体造型代替了鼓本身所需要的支架结构。八个外骨骼都保持中空的结构，在敲击鼓身产生震颤音时，八个中空的外骨骼会使得声音多次震颤，产生复合音效。这种中空外骨骼支撑结构，充分考虑声音传送、功能结构需求，在设计阶段反复推敲、演算、模拟，依赖3D打印设备进行后期制作的方式与传统制作方式有本质的不同。模型采用Rhinoceros5中的T-Spline插件制作而成（图7-26），以空间堆叠的方式对陶鼓进行设计，这种造型中空、轻量的设计可以在保证结构刚度和承载能力的基础上，具有优化分布、融合一体的优点。增材制造技术通过拓扑优化实现了陶鼓外形的多孔薄壁结构，在保障自由曲面造型精度的同时满足声学功能需求，从根本上突破了传统手工制造的局限。

图7-25　FDM 3D陶泥打印机设计实践　　　　　　　图7-26　陶鼓效果图

图7-27为设计者Rozencrantz和Jesse Louis Rosenberg利用陶瓷光固化技术制作的犹如细胞结构一般复杂的双层陶杯。陶瓷光固化3D打印技术的研究始于20世纪90年代，陶瓷光固化产业起步较晚，但发展迅速，不仅是因为陶瓷材料的性能优异、应用前景广泛，也因为光固化陶瓷3D打印技术打印精度高，并且在制备复杂形状以及高精度大型零部件方面有很大的优势。陶瓷3D打印作为增材制造行业的新兴技术，在熔模铸造、骨科、齿科、化工、艺术等领域，开始发挥越来越大的作用，光固化成型是目前增材制造技术中分辨率最高、成型精度最高的成型方式。

图7-27　双层陶杯制作步骤

陶瓷光固化浆料通常包含陶瓷粉末、光敏树脂单体、光引发剂、分散助剂以及稀释液等多种成分。在这一工艺流程中，首先要将陶瓷粉体融入光固化溶液体系中，通过高效混合技术确保陶瓷粉末均匀分布在溶剂内部，进而配制出具有高固体含量和低黏稠度的陶瓷浆体。随后，将制备好的陶瓷浆料在光固化成型设备上逐层进行光照射固化，层层累积形成陶瓷零件的原始坯体。接下来，借助加热脱脂步骤，将坯体中的有机粘接成分经高温处理进行有效去除，从而得到初步的陶瓷素坯。最后，对素坯进行烧结工艺处理，以实现陶瓷材料的致密化，最终产出结构紧密的陶瓷成品。

图7-28中瓷杯的结构受到了细胞结构的启发，设计的目的是隔热，同时保持外层杯的触感。它通过创新的双壁设计，提供了一个支撑和降温的结构。设计师想要通过3D打印技术探索全新的陶瓷设计，甚至实现无法用人工来制作的高技术产品，因此设计了一系列被复杂的蜂窝网络包围的杯子。即使杯子盛有高温液体，这些透气的结构仍然能够保持舒适的触感。这种造型美观实用，每个杯子看起来都像是被包裹在冰冻的泡沫中。

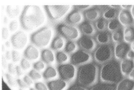

图7-28 细胞结构形式的3D打印陶瓷杯

在其他打印设置方面，为了防止打印件从印版上脱落，设计者在成型板上加了一块粗砂纸以增加附着力，并且使用了较大的支撑面（0.9～1.2mm接触面积）。一般3D打印陶瓷在正常的烧制过程中，碎片会收缩到15%的大小，而采用陶瓷光固化的3D打印陶瓷则收缩了大约17.5%，这会导致最终成品开裂和坍塌。为了防止在烧制过程中出现树脂变成气体时形成的气泡，设计师改良了光固化材料。最终作品呈现出结构复杂且华丽的视觉效果。

7.6.3 金属3D打印

随着科技的快速发展，具有短期制造、按需制造、快速成型优势的金属3D打印技术，正在使很多不可能成为可能。目前市场上主流的金属3D打印技术主要有以下五种：选择性激光烧结（SLS）、纳米颗粒喷射金属成型（NPJ）、选择性激光熔化（SLM）、激光近净成型（LENS）和电子束选区熔化（EBSM）。

金属3D打印需要克服的难点一个是高温，因为金属材料熔点较高；另一个就是高应力，因为金属材料在快速冷却凝固过程中内应力很大。除此之外，强度及性能控制方面也是一大难点，因为金属3D打印部件是要直接使用的，不像非金属材料模型，且一旦使用就涉及部件的机械强度。需要控制好微观组织，才能达到力学性能要求，最终实现真正的应用。

图7-29为Joris Laarman实验室设计并在阿姆斯特丹古运河上安装的3D打印钢桥，充分展现了3D打印技术为建筑设施带来的全新语义内涵和发展可能性。其独特的造型语言展现出3D打印在大型功能建筑领域的巨大潜力。这座钢桥拥有复杂有机的整体几何形态，蕴含着大自然生命力的张力美学，与周边古老的运河环境形成鲜明对比。作为一座实用的交通桥梁，它采用优质钢材由3D打印制造，结构致密、强度高，可确保长期安全使用。这种绿色环保的建筑形式避免了传统混凝土桥梁对自然环境的破坏，与周边古老环境和谐共生，也体现出3D打印技术为传统建筑行业带来的巨大变革力量。从设计创新到绿色施工，从智能系统集成到文化传承，这项融合性的建设正是人类社会可持续发展的生动展示。

图7-30是由Airbus子公司ApWorks打造的轻量化3D打印电动摩托车，展现了增材制造技术在产品设计制造领域的广阔应用前景。该电动车仅重35千克，但搭载6千瓦的强劲电机，能在数秒内加速至80千米/小时。这种出色的性能很大程度上归功于独特的3D制造工艺。整车最初

是由数十亿颗特殊的铝合金粉末颗粒通过激光烧结而成的。

　　研发团队借助先进算法，针对骑行过程中的不同载荷情况，优化计算出最佳的结构布局，创造出一种类似自然界生物外骨骼般的有机流线型造型。这种拓扑优化设计不仅赋予了车架极高的强度和韧性，也体现出独特的美学效果。除了车架，ApWorks在电动机、线束等部件上也广泛应用了3D打印工艺。整车的空心结构设计，使得电线电缆能够贯穿其中，所有安装点都一体成型集成在车身上，进一步提高了制造效率和便利性。

　　ApWorks这款3D打印电动摩托车，充分展示了增材制造给产品设计和制造带来的巨大变革。先进的数字化工具和智能算法，大大拓宽了设计创新的思路。3D打印等增材制造技术，则为形态和结构的多样化实现提供了可靠的制造基础。未来，这种创新设计思维和制造工艺必将在更多行业领域开花结果，催生出更多结构轻巧、性能卓越、造型个性的产品，为人们带来全新的体验。

图7-29　3D打印钢桥

图7-30　3D金属打印框架的电动摩托

　　图7-31为设计师Ross Lovegrove与一级方程式赛车和香水品牌合作打造的香水系列，将赛车运动的精神和设计理念淋漓尽致地融入香水的造型之中，体现出一种独特的产品语义。

　　外形上，香水瓶呈现出流线型的有机曲线，宛如赛车的车身，其内部则是一个飘浮的香料腔室，犹如驾驶舱中被保护的驾驶员。这种"外框架内核心"的结构设

图7-31　3D金属打印香水瓶

计，直接借鉴了赛车以坚固的车身构架去保护脆弱的驾驶室的理念。

　　引人注目的是瓶身那种犹如"骨骼"般的外部支撑框架结构，这种独特的"骨骼"造型不但富有生物美学的视觉冲击力，更蕴含着对速度、力量的寓意。这些香水瓶全部采用金属3D打印一体成型，无需任何后续装配，瓶身骨架结构与香料腔完美融为一体，赋予产品前所未有

的精致感。设计师希望借助香水唤起人们对赛车运动中燃烧橡胶、刹车油烟、湿沥青等独特气味的记忆，让人在使用时重温赛车带来的全方位冲击。

7.6.4 水泥3D打印

水泥3D打印技术在制造工艺和产品语义层面展现出巨大的创新潜力，将为建筑、基础设施等领域带来前所未有的变革。

利用3D打印技术可以制造出复杂的几何形状和空间结构，这对传统的铸造工艺来说是很大的挑战。3D打印技术赋予了设计师更大的创意自由。因为3D打印是增材制造，所以只需要使用必要的材料，可以大幅减少材料的浪费，更加环保。复杂的构件可以一次成型打印出来，无需后期装配，提高了效率。水泥3D打印机具有非常便捷的特点，可以直接在施工现场打印，不需要运输和二次加工。3D打印可呈现出不规则的、自然的流线型造

图7-32 《水泥舞台装饰》

型，赋予建筑和产品全新的美学效果。打印件可与管线、电缆等一体成型，实现功能的高度集成。借助拓扑优化等算法，可打造出中空疏朗却承载力强的结构。并且现场打印克服了运输和搭建等问题，适合偏远地区本土化建设。

图7-32中这组名为《水泥舞台装饰》的水泥3D打印作品，将先进的3D打印技术与舞台艺术融为一体，展现出水泥3D打印技术丰富的发展潜力。

该水泥舞台立柱的外形设计富有张力和动感。每根柱身都呈现出一种自然变形的有机造型，这种流线型的形体视觉冲击力强烈，符合舞台艺术的定位。柱身表面通过计算设计，每一根柱子的材料肌理和表面纹理都别具一格，或粗或细，或起或伏，无不彰显出3D打印技术对材料表现力的极大拓展。这些精心雕琢的肌理，也赋予了冷冰冰的混凝土以前所未有的温度和质感，与舞台艺术追求外在形式之美的理念不谋而合。3D打印技术使这些扭曲、有机的造型得以无需模具地一次成型，而中空结构的设计则在减轻重量的同时，最大限度地发挥了材料的承重性能。这种先进制造技术可谓是现代工艺美学与艺术创作有机结合的典范。

图7-33为世界上最大的完全用水泥3D打印的人行天桥，该桥已经在上海宝山区工业创意中心建成。该项目由清华大学建筑学院徐卫国教授带领的团队与上海智慧湾投资管理有限公司共同设计建造。这座3D打印的桥长26.3米，宽3.6米。在结构的开发上，设计团队借鉴了中国赵县的古安济桥——世界上最古老的开拱石节段拱桥。

清华大学JCDA团队在进行桥梁全尺寸打印之前，搭建了1:4比例的物理模型进行结构破坏测试，证明了桥梁的强度可以满足行人拥挤时的最大活载要求。桥梁的制作采用徐卫国教授团队自主研发的3D打印混凝土系统。该系统集成了数字建筑设计、打印路径生成、操作控制系统和最先进的打印工具等技术。在450小时的制作过程中，这座桥的混凝土部件完全由两个机械臂3D打印系统打印出来。

该桥具有打印效率高、成型精度高、长时间工作稳定性高的特点。首先是机械臂的打印工具，避免了挤压过程中的堵塞和材料层堆叠过程中的塌陷。在路径生成和操作系统方面，该过程集成了表单设计、材料泵送、机械臂运动以及其他同时工作的系统独特的承印材料配方，具有合理的性能和稳定的流变性或材料流动性。

人行天桥的设计采用立体造型。拱桥扶手造型如流淌的缎带，在上海智慧湾的水塘上形成轻盈飘逸的姿态。桥的路面是依据脑珊瑚的形式设计的，白色的鹅卵石填充在图案的空隙中。桥梁内嵌实时监测系统，包括振弦式应力传感器和高精度应变监测系统，可实时采集桥梁受力和变形数据。它们将对跟踪新型混凝土材料的性能和打印组件的结构力学性能产生实际影响。

图7-33　3D水泥打印的人行天桥

7.6.5 其他多种材料的3D打印

3D打印的材料除了常见的高分子材料、金属材料、水泥材料等，还有一些意想不到的材料也可以用来打印，如糖果、沙子、木粉等材料皆可以。3D打印不拘泥于常规材料，大胆尝试各种看似"不可能"的天然原料，能为产品语义带来源源不断的创新活力，实现艺术与自然、科技与工艺的跨界融合，为产品设计注入独树一帜的内在魅力。

糖果3D打印，是3D打印技术与食品工艺的一次有趣结合，设计者通过计算机软件编程设计糖果外形，利用打印机一气呵成地制作而成，不仅让糖果成为一种极富想象力的艺术载体，更显示出数字化制造与传统美食工艺的有趣融合。这种科技与创意的结合，无疑给糖果这种生活日用品注入了全新的产品语义。

图7-34为设计师和厨师团队共同创造出的富有想象力的节日糖果和装饰品，每一个令人垂涎欲滴的糖果作品都是通过3D打印制作的，为节日增添了几分甜蜜。

沙子3D打印技术则展现出不凡的制造潜力。图7-35中由DEEPTIME工作室打造的3D打印沙子扬声器系统由普通沙粒和固化剂打印而成，在造型和质地上都极具独特魅力。它将自然元素与先进制造技术巧妙融合，展现出别具匠心的产品语义内涵。

沙子原本质地松散易碎，经过DEEPTIME工作室研发的特殊定制工艺，得以"固化"为坚硬的扬声器外壳，该工艺仿佛为这种平凡的自然物质赋予了全新的生命力。光滑如海螺般的造型，带有砂岩肌理的表面，都使人联想到自然界中美丽精巧的生物体。

除了造型，这款扬声器的声学性能同样从大自然中汲取灵感。其无缝一体的外罩设计正是借鉴了生物体的高度一体化和高效率，使声波得以无阻碍地流动，从而提供出众的音质表现。扬声器本质上是一个模拟自然声学的器件，设计师巧妙地使其外在形式与内在机理完美统一。

这款产品彰显了先进制造技术赋予自然物质新生命的独特语义。3D打印技术使得沙子这种通常不被用于制造的材料得以被赋形，传统工艺难以实现的无缝、中空结构在此轻松完成。扬声器的电路系统经过精心设计和优化，最大限度地发挥出这种"沙质"材料所具备的声学优势。

图7-34　3D打印糖饰品

图7-35　3D打印沙子扬声器

图7-36为世界上第一款由橘子皮材料制成的台灯，这种橘皮质地的台灯高23厘米，重150克。原材料为食品工业的废弃物，设计者将废弃的果皮干燥后研磨成粉末，与天然生物聚合物混合，将橙皮和生物聚合物混合物挤压成灯丝形式，然后用基于FDM打印原理的3D打印机制造而成。

图7-36　由橘子皮材料制成的台灯

　　3D打印技术的实质是以数字技术为核心的革新，这种依赖于新技术系统实现呈现与传播的艺术新形态，本质上是对新媒体艺术的诠释。其相较于传统产品语义，在思维方式、工艺变革、艺术表现形式以及人机交互等多个层面均展现出显著差异。3D打印技术凭借其优势，不仅为艺术创作与设计方案提供了有效的后期解决策略，而且极大地优化了从构思、推敲至制作的整体创意流程，从而成为一种高效的工作模式。通过3D打印，设计结果能够直观地接受关于强度、结构和美学等方面的测试与改进，从而节省了传统工艺中漫长的等待时间，实现了"即时可见"的创新现象。

　　3D打印产品体现了数字化智能与艺术创意的完美融合。它们由参数化编码和算法优化而来，体现出严谨理性的科技基因，同时又蕴含了设计师的狂想与巧思，展现出独特的艺术个性。数理逻辑与审美创意在3D打印产品中达到了和谐统一，构筑起人机交互艺术语义的崭新高地。3D打印技术大幅度优化了创意设计的流程语义。传统工艺路径存在构思与实现的鸿沟，而3D打印使设计直接数字化为可制造的实体，提高了创意效率，也突破了传统形态的界限，开启了全新的审美体验语义。这使得产品的造型不再局限于传统工艺产生的形态，而是展现出自然、亲和的生命力美学。与此同时，其复杂精巧的结构与材质处理又彰显出独特的视觉语言，吸引着无数新锐的欣赏者群体，从而构建起全新数字艺术交融的产品语义。

参考文献

[1] 胡飞，杨瑞. 设计符号与产品语意[M]. 北京：中国建筑工业出版社，2003.

[2] 张凌浩. 产品的语意[M]. 3版. 北京：中国建筑工业出版社，2015.

[3] 克里彭多夫. 设计：语意学转向[M]. 北京：中国建筑工业出版社，2017.

[4] 王毅. 产品色彩设计[M]. 北京：化学工业出版社，2016.

[5] 高敏，谢庆森. 工业艺术造型设计[M]. 北京：机械工业出版社，1992.

[6] 李西运，于心亭. 产品形态设计[M]. 北京：中国轻工业出版社，2019.

[7] 余强. 造物设计：几何精神探析[M]. 北京：中国纺织出版社，2018.

[8] 胡飞. 工业设计符号基础[M]. 北京：高等教育出版社，2007.

[9] 王坤茜. 产品符号语意[M]. 长沙：湖南大学出版社，2017.

[10] 曹建中，祝莹. 产品语意及表达[M]. 合肥：合肥工业大学出版社，2016.

[11] 高力群. 产品语义设计[M]. 北京：机械工业出版社，2010.

[12] 张凌浩. 符号学产品设计方法[M]. 北京：中国建筑工业出版社，2011.

[13] 蒙象飞. 中国国家形象建构中文化符号的运用与传播[D]. 上海外国语大学，2014.

[14] 张宁. 基于"设计元素"分类提取再造的文创产品设计研究[D]. 贵州大学，2019.

[15] 徐江华，张敏. 论中国传统文化符号在产品设计中的重构[J]. 包装工程，2007（01）：166-167+171.

[16] 郑林欣. 传统文化在产品设计中的应用层次[J]. 新美术，2011，32（04）：99-101.

[17] 朱蓉. 记忆场所城市——从心理学、社会学角度对城市与建筑的再思考[J]. 重庆建筑大学学报，2007，29（5）：23-24.